베란다 텃밭에서
식탁 위 K-푸드까지

아티오 ArtStudio

베란다 텃밭에서
식탁 위 K-푸드까지

2026년 4월 10일 초판 인쇄
2026년 4월 20일 초판 발행

펴 낸 이 | 김정철
펴 낸 곳 | 아티오
지 은 이 | 남효경
마 케 팅 | 강원경
기획·진행 | 김미영
디 자 인 | 김지영
전　　화 | 031-983-4092
팩　　스 | 031-696-5780
등　　록 | 2013년 2월 22일
정　　가 | 19,800원
홈 페 이 지 | http://www.atio.co.kr

한국의 계절은 봄, 여름, 가을, 겨울 사계절이 있지만, 식물들에게
는 겨울을 제외하고 크게 두 계절로 나뉩니다. 채소류를 기준으로 보면
'봄부터 초여름'과 '장마 이후 늦은 여름부터 초겨울' 두 구간으로 재배
시기가 구분됩니다. 주말농장을 하며 배운 것이 '장마를 기점으로 작물
이 세대 교체된다'는 것이었습니다. 노지 상추는 장마가 시작되면 빗물
과 습기에 녹아버리기 때문에 장마 전에 모두 뽑아버리고, 그 자리에
김장을 위한 배추와 무를 심습니다.

대부분의 식물은 봄부터 초여름까지의 기후가 파종이나 모종을 심
기에 알맞습니다. 감자, 콩, 상추, 열무, 고추, 오이 등의 모종을 봄부
터 만날 수 있는 이유도 이 때문입니다. 장마가 지나면 김장 채소들을
재배하기 알맞은 계절이지만, 베란다 텃밭에서는 노지보다 선택폭이
자유롭습니다. 다만 기온이 낮아질수록 성장 속도가 더뎌지고 재배 기
간이 길어지는 단점도 있습니다.

하루는 냉장고 속 채소가 일주일도 채 버티지 못하는 모습을 보며 '싱싱한 채소를 오래 먹을 방법이 없을까?'하는 의문이 생겼습니다. 최신 냉장 기술로도 해결할 수 없다면 '과거 원시인들처럼 갓 딴 채소를 바로 먹는 것이 답'이라는 결론에 이르러 직접 채소를 키우기 시작했습니다.

식물을 키우는 과정은 어린아이를 성장시키는 과정과 비슷합니다. 신생아 시기가 지나면 걷고 뛰는 유아기가 오고, 그다음 청소년기에는 하루가 다르게 폭풍 성장합니다. 식물이 내 아이처럼 성장하는 것을 지켜보고, 돌보다 보면 대단히 큰 일을 해내고 있는 것 같은 성취감도 느낄 수 있습니다.

특히 베란다처럼 햇빛이 제한된 환경에서는 식물들이 웃자라거나 초기에 제대로 자라지 못하는 시기가 있습니다. 하지만 노지와 다르게 베란다에서는 식집사가 매일 들여다보고 돌볼 수 있어 약한 새싹도 살릴 수 있습니다.

발아(싹 틔우기) 단계에서 '이제 틀렸구나'하고 잊고 지냈던 지퍼백에서 어느 날 갑자기 초록 잎을 발견하기도 합니다. 같은 종자라도 각각의 씨앗에 따라 시간이 다르게 흐르고, 씨앗마다 싹트는 때도 저마다 다양합니다. 웃자람이 보이면 복토(흙 덮어주기)해 주고, 해의 이동에 따라 화분을 돌려주고, 위치도 바꿔주고, 웃거름을 더해주며 돌봄을 이어가다 보면 어느 순간 '이제 좀 안정적으로 성장하는구나'하는 시점이 찾아옵니다.

　　이 책은 여러 식물들이 씨앗에서 식탁에 오르기까지의 시행착오와 깨달음을 담은 생생한 홈가드닝 기록입니다. 누구나 실내 베란다에서 실행해 볼 수 있는 식물별 재배법과 실현 가능한 음식 레시피를 정리했습니다.

　　여러분에게 작은 도움이 되길 바랍니다.

남효경

목 차

리얼 홈가드닝을 위한
사전 지식

1장

성공하는 홈가드닝을 위한 환경

햇빛

식물은 광합성을 통해 낮에는 이산화탄소를 흡수하고 산소를 방출하며, 밤에는 산소를 흡수하고 이산화탄소를 배출하며 살아갑니다. 광합성의 필수 요소는 햇빛, 이산화탄소, 물, 그리고 온도입니다.

이 과정을 통해 식물은 성장 초기에는 잎과 줄기를 키우는 영양성장을 하고, 성숙한 후에는 꽃을 피우고 열매를 맺어 번식하는 생식성장으로 전환됩니다.

식물이 머물 실내 공간에서 햇빛이 잘 드는 곳을 찾으려면 지속적인 관찰이 필요합니다. 베란다 확장형 아파트는 블라인드나 커튼으로 직사광선을 차단하는 경우가 많아 계절별 빛의 방향을 정확히 파악하기 어렵습니다. 실내에서 식물을 기르기 위해서는 커튼과 창문을 열고 아침

에 해가 어느 방향으로 들어오고, 집안 어느 정도까지 들어오는지, 오전 7시부터 계절별, 시간대별로 빛의 각도와 빛이 집안으로 들어오는 깊이를 관찰해야 합니다.

해는 남향이라고 해서 오전 7시부터 오후 7시까지 동일한 각도로 동일한 양의 빛이 들어오지 않습니다. 동남향은 직사광선과 간접광의 균형이 잘 맞아 식물 재배에 적합하고, 서향은 여름철 과열 우려가 있어 차광이 필요합니다. 북향은 부족한 일조량을 보완하기 위해 식물등 사용을 권장합니다.

유리창으로 들어오는 햇빛은 유리를 통과할 때 상당 부분 반사되고, 자외선과 적색광 일부가 감소해 광합성 효율이 떨어질 수 있습니다. 성장기와 열매를 맺는 결실기에는 창문을 열어 식물이 직접 햇빛을 받는 것이 가장 좋습니다.

그렇다고 하루 종일 햇빛을 쫓아다녀야 하는 것은 아닙니다. 홈가드닝의 목적이 '마트에서 파는 튼튼하고 완벽한 채소'가 아니라면, 실내에서 키우는 식물은 하루 2~3시간 정도 직사광을 받으면 엽록소 농도, 줄기 강도, 뿌리 활력이 좋아집니다. 하지만 빛이 부족한 식물은 잎과 줄기가 길게 늘어지는 웃자람 현상을 보이는데, 이는 광합성 효율이 낮아졌다는 신호입니다. 폭염이 지속되는 한여름에는 유리창을 통해 들어 오는 열기가 강해 식물의 뿌리와 잎이 상할 수 있습니다. 이 시기에는 가림막을 설치해 주거나 창에서 거리를 두는 것이 좋습니다.

바람

실내에서 식물을 키울 때 햇빛만큼 중요한 것이 통풍입니다. 베란다나 실내에서 키우는 것을 실패로 끝나게 하는 1등 공신이 '공기의 순환(환기)'일 수 있습니다. 아무리 빛이 잘 들고 물과 영양제를 잘 주어도 공기 순환이 원활하게 되지 않으면 벌레가 생기고 흙이 마르지 못해 과습(과한 습도) 상태가 됩니다. 과습은 식물의 뿌리를 무르게 하고 부패로 이어집니다.

식물은 바람이 있어야 잎의 표면에 있는 기공이 주기적으로 열리고 닫히며 '증산 작용'을 균형 있게 할 수 있습니다. 이 과정에서 식물이 건강하게 살 수 있게 뿌리는 물과 영양분을 더 활발하게 끌어올리고, 생장점이 활성화됩니다.

한여름 유리창에 붙여서 기르는 창문 가드닝을 시도했을 때 일입니다. 창문에 매달린 화분들이 위로 커가는 모습을 보며 흐뭇해할 무렵, 눈앞에 날파리가 한두 마리 보이기 시작하더니 잎에 벌레가 기어다니고, 흙에는 하얗게 곰팡이가 피었습니다. 그리고 얼마 후 모든 화분은 초록별로 떠났습니다. 에어컨을 틀어놓느라 창문을 꽁꽁 닫아걸고 환기를 자주 못해 발생한 결과였습니다.

장마철에는 식물에 직접적으로 바람이 닿지 않게 작은 선풍기를 약하게 틀어 공기를 순환시켜 주는 것이 병해충 예방에 좋습니다. 참고로 에어컨 바람이 식물에 직접 닿으면 식물의 잎이 누렇게 변할 수 있으니, 에어컨 바람이 식물에 직접 닿지 않게 주의가 필요합니다.

바람의 중요성을 정리하면, 흙 표면을 건조시켜 세균과 곰팡이를 억제하고, 해충의 번식에 적합한 습한 환경을 방지하며, 잎이 미세하게 흔들리면서 줄기를 단단하게 해줍니다.

물

물은 식물의 생명선입니다. 그러나 뿌리는 용존 산소(물 속에 포함되어 있는 산소량)를 흡수해 호흡하므로, 물이 많을수록 좋은 것이 아니라 산소가 순환되는 환경이 중요합니다. 흙이 바짝 마른 뒤 흠뻑 주는 물 주기 방식은 뿌리 끝의 흡수 세포가 다시 생성되면서 뿌리 활력을 높입니다. 반대로 항상 흙이 젖어 있으면, 뿌리 조직이 부패해 흡수력이 점차 떨어집니다. 상토(Bed Soil: 모종을 키우는 흙)가 바짝 말랐을 때 물을 주면 흙이 부풀어 올랐다가 꺼지는데, 드립 커피를 내리듯 조금씩 원을 그리며 두세 번 나누어 물을 주면 화분 전체에 고르게 스며듭니다.

마사토(물 빠짐을 도와주는 작은 돌)를 20~30% 가량 섞으면 물 빠짐이 좋아지고 건조도 빨라져, 화분 밑으로 물이 금방 흘러나오기 때문에 공기정화 식물들은 '일주일에 한두 번 흠뻑'이라는 통상적인 방법이 잘 맞습니다. 단, 실내에서 키우는 채소들은 종류에 따라 물주기 방법이 조금씩 달라집니다.

지름이 10cm 정도의 작은 화분이나 플라스틱 음료수 컵에 상토만 넣어 쌈 채소 등을 키우는 경우, 물 빠짐이 느리고 흙이 물을 많이 머금고 있어, 겉흙이 마르면 조금씩 물을 주어도 됩니다.

토마토나 고추 등 열매 채소는 잎과 줄기를 키우면서 열매까지 키워내야 해 물을 많이 필요로 합니다. 꽃을 피우고 열매를 맺기 시작하는 생식생장기에는 뿌리의 대사량이 급격히 증가하므로 이틀에 한 번 흠뻑 물을 주어야 합니다.

최근 여름에는 폭염이 20~30일씩 지속되는데, 한낮에 물을 주게 되면 화분 속 온도가 40℃를 넘어 뿌리가 고온 스트레스를 받고 손상되어 회복이 어려워집니다. 폭염 기간 물 주기는 해 뜨기 직전이 가장 좋고, 여의치 않으면 해가 진 뒤에 주는 것이 좋습니다.

물주기는 계절별 온도와 습도에 따라 달라지는데, 고온다습한 한여름에는 아침 일찍 물을 주되 화분 받침대에 물이 고이지 않게 관리합니다. 고인 물은 벌레와 세균 번식의 원인이 됩니다.

물 주기 원칙 🌿

•••

겉흙이 말랐을 때는 화분 배수구로 물이 흘러나올 때까지 흠뻑 줍니다.

✦ 봄·가을: 2~3일에 한 번 충분히 물을 줍니다.

✦ 여름: 뿌리가 열기에 상하지 않도록 해 뜨기 전 이른 아침에 줍니다.

✦ 장마철: 화분의 상태를 세밀히 체크하고, 물 양을 조절합니다.

✦ 겨울철: 난방이 되지 않는 곳에선 흙이 얼지 않을 정도로만 관리하며, 아침
　일찍 물을 준 뒤 기온이 오르면 햇볕을 쬐어주는 것이 좋습니다.

주의! 조금씩 자주 물을 주면 뿌리가 깊게 자라지 못하고, 과습하면 뿌리가
　　숨을 쉬지 못하고 잎이 누렇게 변합니다.

장소

베란다

아이가 어릴 때 주말농장을 하며 고수, 루꼴라, 바질, 페퍼민트 등 허브류를 야심차게 심었습니다. 당시에는 상추가 일주일 만에 손바닥만 하게 자라듯 허브류도 그럴 것이라 한껏 기대하며 심었는데 일주일 뒤 마주한 결과는 참혹했습니다.

특히 루꼴라 잎은 벌레에 파먹혀 그물처럼 변해 있었고, 허브류 전체가 주변에서 모여든 벌레들의 잔칫상이 되었습니다.

농약 없이 물만 주며 키우는 친환경적인 주말농장은 너무 이상적이었고, 노지에서 허브류를 재배하는 환경은 수많은 해충과 인근 경작지의 식물들과도 생태계를 공유한다는 사실을 미처 생각하지 못했습니다. 특히 허브류는 휘발성 방향 물질(테르펜, 멘톨 등)을 방출해 날벌레, 진딧물, 나방류를 유인할 수 있다는 것을 나중에야 알게 되었습니다.

이후 깨달은 최적의 공간이 베란다였습니다. 베란다는 외부 환경을 차단하거나 조절할 수 있는 닫힌 구조 덕분에 관리 난이도가 낮고, 식물이 받는 스트레스를 최소화할 수 있습니다. 창틀 방충망을 보수하고, 창문 아래 배수 홀을 방충망 테이프로 막으면 외부 해충 유입을 효과적으로 차단할 수 있습니다. 무엇보다 주말농장처럼 주말까지 기다릴 필요 없이 언제든 관리할 수 있는 것이 가장 큰 장점입니다.

비가 오면 창을 닫아주고, 더우면 창을 열어 환기하거나 선풍기를 활용해 온도를 낮출 수 있습니다. 햇빛이 너무 강하면 차광망이나 블라인드로 조절하고, 일조가 부족하면 식물등을 사용해 생육 리듬도 안정적으로 유지할 수 있습니다.

노지에서는 토양 건조 속도가 날씨와 바람에 따라 급격하게 변하지만, 베란다는 공기 흐름과 온도가 상대적으로 일정해 물 관리가 수월합니다. 여름철에는 하루 한 번, 겨울철에는 과습 방지를 위해 주 1회 이하로 줄이는 등 계절별 조절이 가능합니다.

베란다 가드닝 모습

창문

창문 가드닝은 실내 가장 높은 일조량을 확보할 수 있는 재배 방식입니다. 통유리창에 압착 고리를 부착한 뒤 네트망을 걸고, 선반 형태의 바구니를 연결해 작은 화분을 공중에 띄워 키우는 방식입니다. 남향이든 동향이든, 햇빛이 가장 먼저 들어오고 가장 오래 머무는 지점을 활용하기 때문에 실내에서 흔히 겪는 '빛 부족' 문제를 최소화할 수 있습니다.

세팅 중인 창문 텃밭

폭염이 오기 전까지 무럭무럭 자라는 창문 텃밭 채소들

화분의 중량, 흙의 수분 함량에 따른 무게 변화, 고리의 최대 하중을 미리 계산해 세팅하면 안전합니다. 저면관수(화분 바닥이나 작물 아래에서 물을 흡수하도록 공급하는 방식) 화분이나 플라스틱 화분을 사용하면 부담 없이 세팅할 수 있고, 압착 고리 상품의 전면에는 고리가 견딜 수 있는 무게가 표기된 제한 하중을 확인 후 설치하면 됩니다. 쌈 채소나 방울 토마토, 딸기처럼 비교적 가벼운 작물은 충분히 견딜 수 있습니다.

창문 가드닝은 실내 재배 시 부족한 일조량을 충족시켜 주어 완벽할 것이라는 기대를 했었고 실제로 초기 성장세는 매우 좋았습니다. 잎은 넓고 두꺼워졌으며, 줄기도 통통하게 잘 자라 빛을 충분히 확보했다는 성취감도 컸습니다. 하지만 시간이 지나면서 예상치 못한 변수가 등장했습니다. 빛만 해결되면 모든 문제가 없을 것이라 믿었던 순간 '통풍'이라는 복병이 있었습니다. 봄가을에는 자연스럽게 창을 열고 환기를 했기에 큰 문제를 느끼지 못했고, 공기가 순환되니 실내 습도도 안정적으로 유지되어 과습으로 인한 곰팡이나 벌레도 보이지 않았습니다.

문제가 본격적으로 드러난 계절은 여름이었습니다. 폭염과 장마가 반복되는 시기에 실내 냉방으로 인한 밀폐 상황은 식물에게 치명적인 조건이 되었습니다.

한여름의 뜨거운 햇빛이 유리를 통과해 작물에 닿으면, 잎 표면 온도는 40~50℃까지 오릅니다. 동시에 실내에서는 에어컨이 가동되어 주변 공기는 차갑고 건조해 집니다. 뜨겁고 강한 직사광선과 냉방으로 인한 급격한 온도 차이는 식물에게 강한 스트레스를 주어, 잎의 손상과 광합성 저하, 흙의 급속 건조 등을 일으킵니다. 여기에 더해 에어컨 가동으로 환기를 자주 하지 못하는 상황까지 겹치면 실내 병해충이 발생하기에 최적의 조건이 완성됩니다. 공기의 순환 없이 정체된 실내 공기와 습도의 변화 그리고 따뜻한 화분 흙은 뿌리 파리, 총채벌레, 응애가 번식하기 딱 좋은 환경입니다.

총채벌레의 공격을 받아 죽어가는 상추

결국 환기 부족과 냉방 온도 차가 누적되면서 창문 가드닝은 순식간에 초토화되었습니다. 평소라면 강한 식물에 속하는 토마토조차 견디지 못했고, 로메인상추와 깻잎은 뿌리 파리와 총채벌레의 공격을 받으며 잎에 점무늬가 퍼졌습니다. 번식 속도는 생각보다 빨랐고, 일주일 뒤에는 거의 회복 불가능한 수준이 되었습니다. 거실에는 눈앞에 벌레들이 날아다니고, 천장을 뚫을 기세로 꼿꼿하게 자라던 로메인상추 잎은 바닥으로 늘어졌습니다.

창문 가드닝은 실내에서 가장 높은 성장 효율을 만들 수 있지만, 다음 조건이 충족되어야 가능합니다.

첫째, 빛을 주되 열기는 차단되어야 합니다. 한여름, 한낮에는 얇은 차광막이나 서리망(혹은 모기장)을 설치하는 것이 좋습니다.

둘째, 하루 두 번 이상 환기하고, 장마철에는 작은 선풍기를 활용하는 것이 좋습니다.

셋째, 식물이 에어컨 바람과 직사광선을 동시에 맞지 않아야 합니다.

창문 가드닝
수확 릴스

옥상

옥상 텃밭의 가장 큰 매력은 식물들이 직사광선을 받을 수 있어 노지에서 재배하는 것과 가장 유사한 환경을 제공한다는 점입니다. 높은 일조량은 광합성 효율을 극대화하고, 강한 일조는 잎·줄기·열매의 생장·호르몬 분비를 촉진해 토마토, 고추, 오이같이 거름을 많이 필요로 하는 식물의 생장 속도와 수확량을 늘릴 수 있습니다. 햇빛을 많이 받을수록 당도, 향, 착색이 좋아지고, 열매의 풍미도 좋아집니다.

아쉽게도 옥상 텃밭은 재배 난도가 상당히 높습니다. 해충 진입이 전면적으로 노지와 같이 열려 있기 때문에 진딧물, 응애, 총채 벌레, 배추 흰나비는 기본이고, 비둘기, 참새, 고양이 등의 동물 피해까지도 발생합니다. 또 바람이 세게 불기 때문에, 잎의 증산 작용이 과도하게 증가해 식물이 급격한 수분 스트레스를 받을 수 있습니다.

옥상 텃밭

더불어 한여름의 옥상은 최악의 조건일 수 있습니다. 옥상 텃밭의 가장 큰 리스크는 '열 스트레스'입니다. 한여름 옥상의 바닥면은 50~70℃까지 올라갈 수 있고, 화분 내부 온도는 노지보다 빠르게 상승합니다. 토양 온도가 35℃를 넘으면 뿌리의 흡수 기능이 떨어지고, 40℃가 넘으면 양분 흡수가 급격히 저하됩니다.

그 결과 잎 화상, 열매가 익기도 전에 떨어지는 경과 현상 등의 문제가 발생합니다. 옥상 텃밭 재배 시에는 열을 흡수하는 검은색 플라스틱 화분은 피하고 흰색 화분을 사용하는 것이 좋으며 토양 온도가 30℃가 넘으면 차광해 주는 것이 좋습니다.

2장

완벽한 홈가드닝을 위한
준비물과 사용법

흙

처음 집 안에서 식물을 키울 때, 어떤 흙을 사용할지 결정하는 것은 중요한 문제 중 하나입니다. 노지의 흙을 가져다 화분에 쓰는 경우도 있으나, 화분 재배 시 일반 땅의 흙은 피하는 것이 좋습니다. 흙이 화분 안에서 반복적으로 물을 마시고 배출하면 입자가 압착되고 다져져, 배수성과 공기 순환이 나빠져 뿌리의 산소 공급이 차단되기 쉽기 때문입니다.

흙 선택 시 세 가지 체크 포인트는 '배수성, 보수력, 통기성'입니다. 배수성은 물을 밖으로 빼내는 성질을 말하는 것으로, 물을 머금고 있는 흙보다 물을 밖으로 잘 내보내는 흙이 좋습니다. 흙 속 물이 너무 오래 머무르면 뿌리가 숨을 쉬지 못하고 썩을 수 있습니다. 보수력은 적당히 물을 머금을 수 있는 능력을 말합니다. 물이 너무 빨리 빠지면 식물이 건조 스트레스를 받게 됩니다. 통기성은 흙 사이로 공기가 잘 통하는 정도를 말합니다. 통기성이 좋아야 뿌리가 산소를 원활히 공급받을 수 있습니다. 실내 환경은 야외보다 통풍이 제한적이기 때문에, 과습으로 인한 뿌리 부패가 일어나기 쉽습니다. 흙을 고를 때는 배수성과 통기성을 우선으로 하여 선택하는 것이 좋습니다.

홈가드닝을 처음 시작할 때는 교과서대로 마사토를 구매해 세척하고, 화분 크기별로 흙과 비율을 맞추어 사용

했습니다. 공기정화 식물과 열매 식물별 맞춤 흙을 사용하기도 했습니다. 그러나 홈가드닝을 여러해 하다 보니, 흙과 화분만 제대로 선택해도 충분히 식물을 잘 키울 수 있다는 것을 알게 되었습니다.

흙 기본 배합 🌿

        • • •

배수성과 보수력의 균형을 위해 '배양토' 90%와 '지렁이 분변토' 10% 비율로 섞어 사용합니다.
대형 화분은 통기성을 위해 마사토 20% 정도 섞어 배수를 돕습니다.

화분

모종이 아주 커지기 전까지는 큰 화분이 꼭 필요하지는 않습니다. 발아 후 정식할 때까지는 한 포기당 지름이 10cm 이하인 화분으로도 충분합니다. 화분은 재질에 따라 토기, 플라스틱 등으로 나뉘는데 홈가드닝을 하면서는 가장 우선시하게 된 것이 '가벼운 화분'입니다. 식물이 성장해서 열매가 열릴 무렵이 되면 분갈이도 해줘야 하고, 노지처럼 볕이 충분하지 않은 공간이기 때문에 위치를 바꿔줘야 하는 상황이 빈번하게 발생합니다.

농작물의 전체 크기가 5~6살 어린아이보다 커지는 경우, 큰 화분으로 분갈이가 필요합니다. 가정에서 재배하는 쌈 채소나 작은 뿌리 채소는 플라스틱 카페 컵 하나면 한 포기나 한 그루를 키워낼 수 있습니다. 온라인몰에서 개당 몇십 원에서 몇백 원에 플라스틱 얇은 화분을 판매하고 있습니다. 유튜브에서 일조량이 충분한 공간에서 500㎖ 페트병을 가득 채우는 크기로 당근을 키워내는 것을 보고 '도구가 그리 중요한 것은 아니구나'하고 깨달았습니다.

화분을 고를 때는 내가 재배할 식물이 옆으로 자라며 뿌리가 깊지 않게 자라는 식물인지, 위로 자라고 뿌리도 깊이 내리는 식물인지를 확인해야 합니다. 청경채, 비타민, 상추 등은 뿌리가 깊이 자라지 않아 화분 크기가 작아도 됩니다. 반면 고추, 토마토, 배추 등은 식물이 성장하면서 화분의 크기에 따라 열매의 수와 식물의 덩치도 비례하므로, 성장에 맞춰 화분 크기를 키워주는 과정이 반드시 필요합니다.

실내에서 키우는 화분의 경우에는 물구멍이 많은 것이 좋습니다. 하나의 작은 물구멍이 있는 화분은 통풍과 공기의 순환이 어려운 실내에서는 과습해지기 쉽습니다. 이를 보완한 '슬릿 화분'은 화분의 옆면 중간까지 물이 흐를 수 있는 틈이 있어 뿌리가 건강하게 자랄 수 있도록 도와줍니다.

대형 화분을 사용할 때는 20% 가량 마사토를 섞어줍니다. 상토만으로 대형 화분을 채우면 관수 시 젖은 흙의 무게로 인해 흙 사이의 공간이

마사토 층을 만들어 준 대형 화분

줄어들면서 공기가 통하지 못해 뿌리가 숨을 쉴 수 없습니다. 마사토는 물로 세척해서 흙가루나 불순물을 제거한 후 사용합니다.

씨앗(종자)

식물을 키우기 위해서는 원하는 식물의 종자 즉, 씨앗이 필요합니다. 씨앗을 구매할 때는 식품을 구매할 때와 마찬가지로 '포장 연월' 혹은 '채종일'을 꼭 확인해야 합니다.

홈가드닝 초기에 얼갈이배추 씨앗을 주문했는데, 업체에서 '1년 전에 포장한 상품이라 발아율이 떨어진다'며 1+1으로 보내주겠다고 연락이 왔습니다. 당시에는 그 의미를 몰라 덤으로 준다니 좋다고만 생각했습니다. 이후 씨앗의 유통기한이 발아율과 직결된다는 사실을 알게 되었습니다. 유통기한이 지난 씨앗은 발아율이 떨어지고 발아가 되지 않을 확률이 높아집니다. 베란다 농사 3년 차에 상추 발아가 계속 실패했는데, 원인을 찾아보니 종자에도 수명이 있었습니다. 씨앗은 저장(보관) 조건에 따라 수명이 달라지는데, 일반적인 실온 보관 시 상추, 파 등은 1~2년, 배추, 고추 등은 2~3년, 토마토, 가지 등은 4~5년 정도 발아력을 유지합니다.

초보 식집사 시절에는 이를 모르고 욕심에 1,000립, 2,000립짜리를 잔뜩 사두었습니다. 고대 이집트 피라미드에서 나온 알곡도 언제 심어도 싹이 트는 줄 알았던 초보 시절의 웃지 못할 경험입니다.

씨앗은 온라인(네이버 스토어, 쿠팡 등)에서도 구입할 수 있고, 오프라인은 꽃시장이나 다이소에서 손쉽게 구할 수 있습니다. 채소를 기르다 보면 모종은 종류가 다양하지 않고, 병해충이 붙어 오는 경우가 있어 모종보다는 씨앗을 직접 발아시키는 것을 선호하게 됩니다. 씨앗은 한 봉투에 적게는 10립, 많게는 1,000립까지 들어 있어, 유통기한 내에는 여러 해 걸쳐 사용할 수 있으므로 모종보다 경제적입니다.

오프라인 매장에 진열된 채소 씨앗

오프라인 매장에서 구매한 채소 씨앗

식집사 1~2년 차에는 세상 모든 씨앗을 발아시키고 싶어지는 '발아병'에 걸리기도 합니다. 집에서 키우거나 사용하는 채소류의 채종(좋은 씨앗을 골라서 받음)이나, 물뿌리 내리기(꺾꽂이)를 통해서도 모종을 만드는 것이 가능합니다. 마늘과 양파는 싹이 난 상태로 흙에 심으면 마늘 싹과 양파 싹으로 키워 먹을 수 있고, 감자와 고구마는 싹이 난 부분을 잘라 흙에 심으면 그것이 그대로 종자(씨앗)가 됩니다. 고추, 파프리카, 방울토마토, 레몬 등은 열매를 먹기 전이나 먹고 난 후 나온 씨앗을 깨끗하게 씻어 파종하면 새싹이 나옵니다.

종자는 고정종자(토정종자)와 F1 종자(교잡종자)로 구분됩니다. 고정종자는 수확한 작물에서 씨앗을 받아 다시 심어도 품종 형질이 유지되지만, 현재 판매되는 씨앗 대부분은 수확량과 내병성을 개량한 F1 종자입니다. F1은 'Filial generation 1' 즉, 잡종 1세대를 뜻합니다. F1 종자에서 채종한 씨앗은 다음 세대에서 형질이 분리되어 원래 품종과 다른 결과물이 나오거나 수확량이 떨어질 수 있으므로 안정적인 수확을 원한다면 매해 새로운 F1 종자를 구매하는 것이 좋습니다.

종자는 발아 조건에 따라 빛이 필요한 광발아종자와 빛이 필요 없는 암발아종자로 구분됩니다. 광발아종자는 흙에 너무 깊이 심으면 싹이 트지 않습니다. 상추, 샐러리 등은 광발아종자이고, 토마토 등은 암발아종자입니다.

채종은 꽃이나 열매 등에서 좋은 씨앗을 골라(분리)서 받는 것을 뜻하는데 열매가 충분히 익을 때까지 기다린 뒤에 하는 것이 좋습니다. 방울토마토나 고추는 빨갛게 익은 것을 수확해 일주일 정도 지난 후 씨를 분리합니다. 과육 분리가 어려운 종자는 망이나 바구니에 넣어 바람이 통하는 그늘에서 말린 후 체에 걸러 튼튼한 종자를 골라냅니다. 채종한 씨앗은 충분히 건조해 지퍼백 등에 넣어 습기가 없는 곳에 보관합니다. 직접 채종한 종자 역시 해가 갈수록 발아율이 급격히 떨어지므로, 가급적 유통기한이 넉넉한 시판 종자를 사용하는 것이 가장 안정적입니다.

가드닝 정리표와 화분 정리 선반

홈가드닝을 하다 보면 발아시킨 종자 수에 따라 어느 시점에서는 화분이 많이 필요해지는데, 한정된 공간 안에서 선반의 위치와 면적을 계산해 재배해야 합니다. 무리 없는 홈가드닝을 위해 발아 일지, 분갈이 계획, 필요한 화분 개수 등을 기록하며 계획적으로 관리하는 것이 좋습니다.

공간의 구조를 확인한 뒤 빛이 들어오는 각도를 파악하고, 공간 수치를 정확히 측정하여 그에 알맞은 선반을 구매해 사용하는 것이 좋습니다. 베란다의 경우 계단형 선반은 자리 차치를 많이 하고 이동이 불편할 수 있으므로 신중하게 선택해야 합니다.

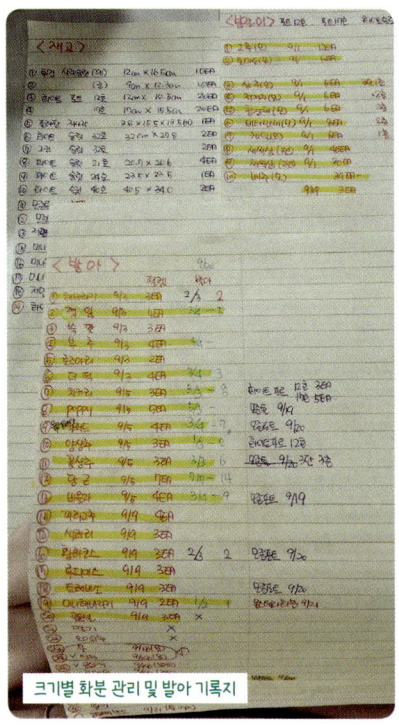

크기별 화분 관리 및 발아 기록지

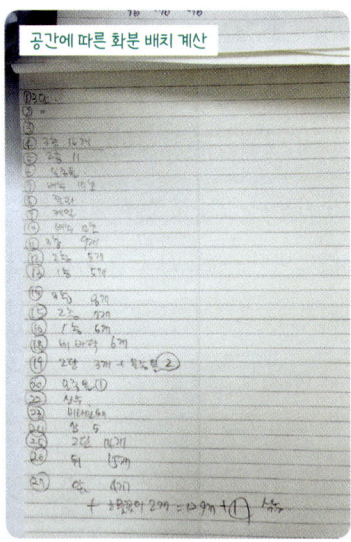

공간에 따른 화분 배치 계산

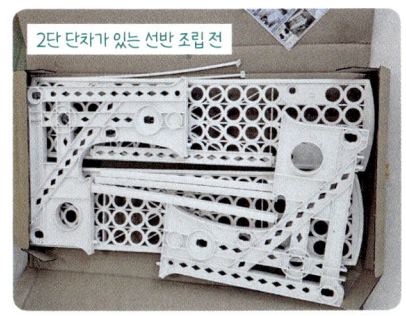
2단 단차가 있는 선반 조립 전

조립 후 2단 화분 선반 모습

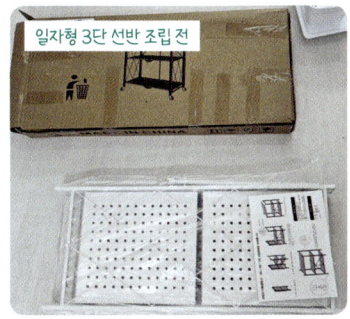
일자형 3단 선반 조립 전

조립 후 3단 선반

조립 후 5단 선반

식물등

장마철이나 일조량이 부족한 환경에서 모종을 기를 때는 식물등을 활용하는 것이 좋습니다. 전선의 연결이 어려운 경우에는 충전식 식물등을 사용하는 것이 편리합니다.

충전식 이동 가능한 식물등

장마철 식물등으로 토마토와 고추 모종 키우기

식물 네임 픽

발아 일자, 정식 일자 등을 기록해 두는 것을 권장합니다. 처음에는 싹이 나오면 다 기억할 수 있을 것 같아도, 화분의 수가 늘어나고 일상생활을 하다 보면 언제 파종했는지, 언제 정식했는지, 일반 토마토인지 방울토마토인지 구분이 어려워질 수 있습니다.

식물 이름 등을 적을 네임 픽

테이프 클리너

실내에서 화분을 관리하다 보면 화분의 상토나 식물의 잎 등이 많이 날립니다. 그때마다 청소기를 사용하기도 번거로우니 테이프 클리너(일명 돌돌이)가 유용합니다. 가벼운 마른 상토나 마른 꽃잎 등을 깔끔하게 제거하는 데 효과적입니다. 짧은 손잡이형보다 길이 조절이 가능한 긴 손잡이형을 사용하면 허리를 굽히지 않고 청소할 수 있어 편리합니다.

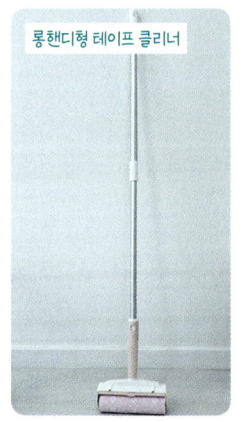
롱핸디형 테이프 클리너

물뿌리개

작은 실내 공간에서 식물을 키울 때 물뿌리개나 일반 생수병을 그대로 사용하면, 어린 새싹이나 작은 식물은 물줄기에 쓰러지거나 흙이 패입니다. 이럴 때 생수병 입구에 끼워서 사용하는 전용 노즐(물뿌리개 캡)을 활용하면 물이 미세하게 분사되어 안정적으로 물을 줄 수 있습니다.

페트병에 꽂아 쓰는 물 주입기

3장

생애주기별 관리 방법

최고의 홈가드닝을 위한

식물을 키울 때 물주기, 거름주기, 솎아주기, 곁순치기 등을 조금은 무심하게 거리를 두고 해야 식물들도 숨 쉴 틈이 생기고 스스로 살아갈 힘이 생깁니다.

베란다 안의 작은 식물이지만, '아이들은 부모가 믿는 만큼 자란다'라는 육아의 진리가 식물에도 통합니다. 빛이 부족해 힘없이 웃자라 휘청거리고, 물을 줄 때마다 쓰러지던 모종들도 정성과 관심을 쏟으며 기다려주면, 어느 순간 폭풍 성장하며 자기 자리를 잡고 제 역할을 해냅니다. 과도한 관심 때문에 웃자랐다고 금방 솎아내거나 뽑아버리면, 이 식물들이 스스로 자리를 잡고 당당히 서는 모습을 영영 보지 못할 수도 있습니다. 세상 모든 것에는 저마다 때가 있고 처한 환경에 맞는 시간이 필요하듯, 식물에게도 믿고 기다려주는 시간이 필요합니다.

발아

식물마다 각각에 맞는 성장 조건이 있습니다. 해당 종자에 적절한 계절, 기온, 습도 등 그 조건을 모두 맞추기는 어렵기에 보통 모종을 만들어 기릅니다. 씨앗의 발아를 눈으로 확인 후 모종 포트 트레이에 키운 뒤 정식을 하면, 환경 변화에 대응하기가 훨씬 수월해집니다. 대부분 식물의 발아 적정 온도는 20~25℃이므로 봄가을 이외에는 실내에서 안정적인 발아를 시킨 후 정식하는 것이 좋습니다.

파종

물 파종

물 파종은 씨앗을 흙 대신 물에서 발아를 유도하는 습윤 발아(Wet germination) 방식입니다. 용기에 물을 담아 씨앗을 넣어 두거나, 솜이나 거즈를 적신 뒤 그 위에 씨앗을 올려두는 방법이 있습니다. 더욱 실용적인 방법으로는 물을 적신 키친타월에 씨앗을 넣고 접은 뒤, 지퍼백에 넣어 보관하는 방식이 있습니다.

흙에 직접 파종을 하거나 펠릿에 파종하는 경우, 씨앗이 발아되지 않아 마냥 기다리다 포기하는 상황이 생기기도 합니다. 싹이 나오다가 과습으로 죽거나, 온도가 맞지 않아서, 또는 너무 깊이 심어서 발아가 안 되는 안타까운 상황이 발생합니다. 물 파종하면 흙에 파종했을 때는 직접 볼 수 없는 '뿌리가 나오고 싹이 트는 생명의 변화 단계'를 눈으로 확인할 수 있다는 매력이 있습니다. 자라는 과정을 볼 수 있어 안심도 되고, 홈가드닝에 조금씩 흥미가 붙게 됩니다. 물 파종으로 싹을 틔운 후 뿌리가 자란 새싹을 펠릿에 옮겨 심는 방법도 있습니다.

물 파종할 그릇과 씨앗 준비

펠릿 파종

펠릿 파종은 씨앗을 펠릿(압축 배양토) 안에서 발아시키는 방식으로, 원예 재배에서 널리 사용되는 육묘 방법입니다. 펠릿은 초기 발아에 필요한 수분과 기본 영양 성분을 함께 공급할 수 있도록 설계된 압축 배양토(Peat pellet)로, 물에 담가 팽윤(물을 흡수하면서 부풀어 오르는 과정)시킨 뒤 사용합니다.

피트모스(Peat moss)를 주원료로 하는, 흙에서 100% 분해되는 친환경 천연 포트 압축 펠릿은 온라인에서 구매할 수 있습니다. 피트모스란 이끼류, 갈대, 나무 등의 유체가 분지에 쌓여, 물과 함께 생화학적 변화를 거쳐 생성된 유기 배양토로, 양분 및 수분 보유력과 통기성이 좋아 종자가 발아하고 초기 성장하기에 적합한 조건을 갖추고 있습니다.

펠릿은 홈이 있는 면이 위를 향하게 하여 물에 20여 분 불린 다음 홈에 씨앗을 2~3개 심어줍니다. 발아하기 전에 펠릿이 마르면 적당량의 물(15㎖)을 줍니다. 접시 위에 놓는 것보다 일회용 플라스틱 작은 컵을 활용하면 습도를 안정적으로 유지할 수 있으나, 자칫 과습해지기 쉬우므로 주기적인 환기가 매우 중요합니다.

보통 7일 정도면 펠릿에서 싹이 트는 것을 확인할 수 있습니다. 떡잎이 나온 후에는 햇빛에 서서히 노출해 적응시키고, 본잎이 4~6장 정도 자라면 화분에 옮겨 심습니다. 친환경 펠릿은 정식 시 펠릿 그대로 흙에 심을 수 있어 어린 뿌리의 손상 위험을 줄여줍니다.

개봉 전 압축 펠릿

물에 불리는 중인 펠릿

일회용 플라스틱 컵
안에 넣은 펠릿

모종 트레이 파종

모종 트레이 파종은 다수의 씨앗을 정리된 틀 안에서 한 번에 발아시키는 방식입니다. 작은 홀(구) 하나가 독립된 공간이기 때문에 뿌리가 각자 건강하게 자리 잡을 수 있고, 이후 정식 단계에서 식물 간 간격을 맞추기도 수월합니다.

온라인에서 작은 모종 틀이나 어린이용 과학 교구 등을 쉽게 구할 수 있습니다. 특히 12개 홀(구)로 구성된 모종 포트(과학 교구)는 덮을 수 있는 뚜껑까지 있어 발아 시 온도와 습도를 유지하며 안정적인 환경을 제공합니다.

한 칸에 1~2개의 씨앗을 심으면 발아된 새싹을 분갈이 없이 키울 수 있습니다. 모종 트레이를 활용하면 큰 화분에 씨를 흩뿌려서 단위 면적당 많은 수의 식물을 빽빽하게 심어 키우는 '밀식' 방식보다 훨씬 튼튼한 모종을 길러낼 수 있습니다.

모종 포트에 파종한 씨앗

모종 포트 트레이 파종

모종 포트 트레이는 여러 개의 작은 포트가 일정한 배열로 구성된 표준 육묘 도구로, 식물의 초기 재배 단계에서 사용됩니다. 포트 트레이는 뿌리 생육 공간을 균일하게 제공하고, 빛, 물주기, 통풍 등을 한 번에 적절히 관리할 수 있어, 홈가드닝에서도 생육 편차를 줄이는 데 효과적인 도구입니다.

표준적인 모종 포트 트레이의 기본 크기는 가로 54cm, 세로 28cm, 높이 4~9cm입니다. 그중 21구 트레이는 한 홀(구)의 너비가 약 6cm, 깊이가 약 5cm로 가장 큰 규격에 속합니다. 작은 다육식물 화분 21개가 하나로 붙어 있는 형태라고 생각하면 됩니다.

해가 고르게 잘 드는 장소라면 모종 포트 트레이에 파종해 정식 전까지 키우는 방법을 권장합니다. 트레이는 홀(구) 밑에 배수 구멍이 있는 것과 없는 것으로도 구분됩니다. 전용 받침대를 함께 사용하면 흙이 바닥으로 떨어지는 것을 방지할 수 있고, 저면관수로 편리하게 관리할 수 있습니다.

식자재를 활용한 모종

로메인 상추나 꽃상추 등 포기로 된 상추는 밑동을 싹둑 잘라 사용하고 남은 밑동은 버리는 경우가 많습니다. 이 밑동을 버리지 않고, 작은 종지에 물을 담아 반 정도 담가두면 위로는 새순이, 아래로는 뿌리가 자랍니다. 이때 겉잎부터 한 잎씩 꺾어서 요리에 사용하고 줄기 끝의 어린잎 몇 장 남겨 둔 상태로 물꽂이하면 생착(뿌리가 새 토양에 자리잡아

정상적으로 자라기 시작하는 과정)에 훨씬 유리합니다. 매일 물을 갈아주는 번거로움이 있지만, 그것만 감수하면 한 그루의 상추를 얻을 수 있습니다.

더욱 편리한 방법도 있습니다. 대형마트나 온라인몰에서 '뿌리째' 판매하는 엽채류를 구매해 겉잎부터 차례로 뜯어 사용하고, 작고 아직 덜 자란 잎은 남긴 뒤 뿌리째 물에 2~3일 담가 적응시킨 후 화분에 옮겨 심으면 꽃대가 올라오기 전까지 신선한 잎을 계속해서 수확할 수 있습니다.

모종 구입

모종부터 기르면 건강한 식물을 키우기까지의 노력과 기다림을 줄일 수 있습니다. 성장기에 접어든 식물을 모종으로 시작하면 생육 속도가 빠르고 열매도 빨리 맺습니다. 단, 시중에서 판매되는 모종은 여러 번의 분갈이와 이동 과정을 거치며 환경이 계속 바뀌기 때문에 스트레스를 받습니다. 이식 과정에서 뿌리털이 손상되면 일시적으로 수분 흡수가 감소해 잎이 처지거나 생장이 멈춘 것처럼 보일 수 있으니, 식물이 새로운 환경에 적응할 때까지 기다림의 시간이 필요합니다. 잎이 처졌다고 해서 겉흙이 마르기 전에 계속 물을 주면, 오히려 과습으로 뿌리가 썩을 수 있으니 주의해야 합니다.

모종 재배 시 가장 주의할 점은 농장에서 감염되었을 수 있는 병해충입니다. 모종을 구매할 경우, 모종을 포트에서 꺼낼 때부터 소독과 방역작업이 필요합니다. 잎과 줄기는 흐르는 물에 살살 씻고, 묻어 있는 흙은 최대한 제거 후 심어줍니다. 정식 시 백강균(Beauveria bassiana)이 함유된 방제제(제품명: 총진싹)를 흙과 함께 섞어 뿌리에 남아 있을 해충과 알에 대비합니다.

화분 하나에서 해충이 생기면 빠르게 확산하며 실내 텃밭 전체에 퍼지는 경우가 많으므로 최대한 씨앗부터 오염 없이 키우는 것을 권장합니다.

정식

파종이 끝나고 어린뿌리가 자리 잡기 시작하면 모종을 더 넓은 환경으로 옮겨줍니다. 이 시기는 식물의 생장 방향을 결정짓는 중요한 구간이며, 뿌리가 안정적으로 흙을 붙잡고 스스로 수분과 영양을 흡수할 수 있는 기반을 마련해 줍니다.

파종 후 본잎이 4~5장 나오면(약 3~4주 후) 건강한 개체를 골라 화분에 옮겨 심는데, 이것을 '정식' 혹은 '이식'이라고 합니다. 물 파종을 한 경우 본잎이 1~2장 나오면 화분에 옮겨주는 것이 좋습니다. 시기를 놓치면 좁은 공간에서 새싹이 녹아버리거나 성장이 정체될 수 있습니다.

화분에 흙을 담은 후에는 물을 흠뻑 주어 흙을 충분히 적셔줍니다. 그 후에 지렁이 분변토와 총진싹을 섞어줍니다. 충분히 흙이 젖은 상태에서 홈을 파서 모종을 심어줍니다. 작은 화분 여러 개에 정식을 할 때는 큰 화분에 흙, 밑거름, 방제제를 먼저 배합하고 물에 적신 뒤 작은 화분들에 나누어 담으면 훨씬 편리합니다.

모종의 줄기(목대)가 너무 깊이 묻히면 잎이 흙에 닿아 썩기 쉽고, 반대로 너무 높으면 물을 줄 때 휘청이며 뿌리가 불안정해질 수 있습니다. 모종을 옮겨 심을 때는 흙에 작게 홈을 파고 뿌리를 자연스럽게 자리 잡은 뒤, 양옆의 흙을 살짝 눌러 지지해 주는 것이 좋습니다. 화분에 심을 때에는 웃자란 긴 줄기 부분은 최대한 흙 속으로 넣어 떡잎 바로 밑까지 심어야 튼튼하게 자랍니다.

정식 후에는 뿌리가 새로운 환경에 적응하는 활착기(옮겨 심거나 접목한 식물(나무)이 살아 붙는 기간)가 필요합니다. 정식 직후 식물이 바로 강한 직사광을 받으면 잎이 스트레스 받아 늘어지거나 시들 수 있으므로, 2~4일 정도 간접광이 드는 곳에서 적응 기간을 거친 뒤 점차 햇빛 노출을 늘려갑니다.

큰 화분에서 흙 배합 후 작은 화분에 나눠 담기

솎아주기

씨앗을 직접 뿌려 파종할 때는 발아 실패나 성장 불량으로 자연 도태되는 것을 고려해, 원하는 모종 수보다 3~4배 넉넉하게 파종합니다. 아까운 마음에 솎아주기를 소홀히 하면, 새싹들이 너무 빼곡하게 자라 통풍이 불량해지고, 뿌리 공간이 부족해져 결국 식물 전체가 크게 자라지 못합니다.

따라서 수확 전까지 해당 식물에 맞는 시점별로 두세 번 정도 솎아줍니다. 1차로는 가장 약한 싹을 골라내고, 2차로는 힘없이 웃자란 싹을 뽑아주며, 마지막에는 잎이 무르거나 누렇게 변한 포기를 뽑아줍니다. 솎아주기는 가장 잘 자랄 싹을 선별하기 위한 어린싹들의 리그전과 흡사합니다. 솎아주기를 한 후에는 뽑아낸 자리에 부족한 흙은 채워주고, 남은 모종 주변의 흙을 정리합니다.

복토, 북주기

실내에서 햇빛이 부족하면 줄기만 길게 자라는 '웃자람' 현상이 생기는데, 이때 최대한 떡잎의 아랫부분까지 흙을 채워주면 식물이 흔들림 없이 튼튼하게 자랄 수 있습니다. 이처럼 새싹이 자라면서 화분에 흙을 추가로 덮어주는 것을 '복토'라고 합니다.

반면 무, 당근, 비트 같은 뿌리 채소는 뿌리가 흙 위로 조금씩 솟아오르며 자라는데, 뿌리가 봉긋하게 노출되었을 때 뿌리의 노출을 막고 성장을 돕기 위해 주변 흙을 덮어주는 것을 '북주기'라 합니다.

영양(비료, 거름)

사람이 건강을 위해 영양제를 챙겨 먹듯, 식물도 필요한 영양소가 있습니다. 식물 성장의 핵심 원소로는 질소(N), 인(P), 칼륨(K), 칼슘(Ca), 마그네슘(Mg), 붕소(B) 등이 있습니다. 질소(N)는 엽록소와 단백질 합성에 관여해 잎을 자라게 하고, 인(P)은 에너지 대사와 뿌리 발달에 관여하여 꽃과 열매를 많이 맺게 도와줍니다. 칼륨(K)은 삼투압 조절과 광합성 산물의 이동을 돕고, 병해충 저항성을 높여줍니다. 칼슘(Ca)과 붕소(B)는 세포벽 형성에 관여하여 열매를 맺는 식물이 물러지지 않고 튼튼하게 자라게 도와줍니다. 엽채류(상추, 깻잎 등)와 과채류(열매가 열리는 채소)가 필요로 하는 영양 성분은 조금씩 다릅니다.

실내에서 채소를 건강하게 재배하고 싶다면 '물푸레'라는 액체 비료를 활용해 조금 더 성공적으로 키울 수 있습니다. '물푸레'는 식집사들 사이에 '마법의 액비(액체 비료)'라고 불리기도 할 만큼 식물에 필요한 다량원소와 미량원소가 균형 있게 배합된 액체 비료입니다.

엽채, 화훼류용과 과채류용 액체 비료

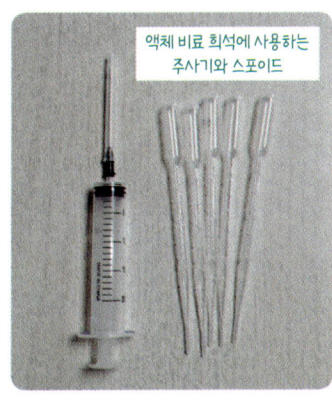
액체 비료 희석에 사용하는 주사기와 스포이드

물푸레는 엽채, 화훼류용과 과채류용 두 가지로 구분되어 있고, 사용법은 물 2ℓ 기준에, 물푸레 A 용액 4㎖와 물푸레 B 용액 4㎖를 각각 희석해서 관수(화분에 물주기)합니다. 이때 정확히 계량하기 위해서는 다이소 등에서 화장품 소분용 주사기를 구매해 사용하면 매우 편리합니다.

열매 채소의 경우 '엽면 시비'가 매우 효과적입니다. 엽면 시비는 영양제(비료)를 물에 타서 식물의 잎에 분무하는 방법으로, 잎의 기공과 표피를 통해 양분이 흡수됩니다. 특히 미량원소 결핍 시 빠른 효과를 볼 수 있습니다. 분무기에 영양제를 희석해서 위에서 아래가 아닌 아래에서 위로, 기공이 더 많이 분포해 있는 잎의 뒷면까지 골고루 뿌려주는 것이 효과적입니다.

화분의 흙에 10% 수준으로 섞어주는 지렁이 분변토

칼슘, 붕소 액체 비료

지렁이 분변토는 정식 시 흙에 10% 비율로 섞어 밑거름으로 활용하고, 식물이 자라면서 흡수할 영양소가 부족해지지 않도록 한 달에 한 번 정도 한 스푼씩 화분 위에 웃거름으로 얹어줍니다.

농사 용어 🌱

- ◆ 시비: 농작물에 비료를 주는 것을 말합니다.
- ◆ 기비(밑거름): 파종 혹은 밭에 모종을 심기 전에 토양에 골고루 거름을 뿌려 주는 것을 말합니다. 홈가드닝에서는 화분에 정식을 하거나 분갈이할 때 사용합니다.
- ◆ 추비(웃거름, 덧거름): 식물이 자라고 있는 상태에서 추가로 흙 위에 더해 주는 비료를 말합니다. 식물이 자라면서 영양분을 지속적으로 사용하기 때문에 기비만으로는 영양이 부족해집니다. 특히 열매 채소의 경우에는 한 달에 한 번씩 추비를 해주는 것이 좋습니다.
- ◆ 추대: 상추나 깻잎 등 꽃대가 올라오고 꽃이 피는 것을 뜻합니다.
- ◆ 액비: 액체로 된 비료를 뜻하며 수경 재배 시 주 영양 공급원으로 사용됩니다.

병해충 관리

실내에서 병해충 관리는 발생 후 처리보다 환경을 조절하고 미리 예방하는 방식이 효과적입니다. 화분에 생기는 뿌리파리, 총채벌레 등의 방지를 위해서는 분갈이 시 '대유 총진싹 입제'와 '대유 충사탄 입제'를 사용합니다.

총진싹(입제)은 곤충병원성 곰팡이인 백강균이 주성분으로, 방제가 까다로운 흙 속의 유충이나 번데기의 표피에 침투하여 해충을 사멸시키는 원리로 작동하며, 안전한 유기농업 자재로 분류됩니다.

총진싹 입제를 화분에 섞는 모습

끈적임이 있는 총진싹 액제

사용법은 분갈이할 때 흙에 한 스푼 정도 골고루 섞어주고, 식물을 키우는 동안에는 한 달에 한 번씩 화분 위 흙에 한 스푼 정도 뿌려줍니다. 이렇게 흙 위에 뿌려두면 물을 줄 때마다 성분이 서서히 녹아내려 흙 깊숙한 곳의 뿌리까지 도달하여 지속적인 방제 효과를 볼 수 있습니다.

02

리얼 홈가드닝 실전과
K-푸드 레시피

1장

잎
채
소

상추

상추에 밥과 고기, 양념을 올려 한 쌈 크게 먹으면 고소함과 신선함이 조화를 이룹니다. 특히 삼겹살이나 제육볶음에 상추를 곁들이면 특유의 느끼함을 줄여주고, 식이섬유가 풍부해 소화에도 도움을 줍니다.

상추는 생장 속도가 빠르고 뿌리가 깊지 않아 좁은 공간에서도 잘 자라기 때문에, 초보자에게 가장 적합한 홈가드닝 식물입니다. 겉잎부터 수확하면 안쪽에서 계속 새잎이 돋아나 꽃대가 오르기 전까지 꾸준히 수확하는 즐거움을 누릴 수 있습니다.

생채, 적상추, 꽃상추, 로메인 등 품종이 다양해 각각의 식감과 풍미를 즐길 수 있는 것도 장점입니다. 가정에서는 씨앗이나 모종뿐만 아니라 남은 밑동을 활용해 재배할 수도 있으며, 재배 방식에 따라 생육 속도와 수확량은 차이가 납니다.

씨앗 심기(파종)

상추는 노지 재배를 기준으로 3월 중순에 파종하면 5월부터, 7월 중순에 파종하면 8월 말부터 수확합니다. 적정 발아온도는 15~20℃이며, 어느 정도의 빛이 있는 환경에서 발아율이 높아지는 광발아성 종자입니다. 고온기에 파종 시 꽃대가 일찍 올라올 수 있습니다.

물 파종

상추 씨앗을 젖은 키친타월 사이에 넣고 지퍼백에 넣어 발아시키면, 발아하는 과정을 눈으로 직접 확인할 수 있어, 파종 실패를 줄일 수 있습니다.

물 파종 꽃상추

젖은 키친타월 위 적상추 씨앗

지퍼백 안에서 발아시키는 적상추

펠릿 파종

펠릿에 파종한 적상추와 양상추 씨앗은 파종 9일 차에 싹이 펠릿 밖으로 1cm 이상 자라났습니다. 상추는 뿌리가 충격을 받으면 생장이 멈추는 특성이 있으므로 뿌리를 보호하며 그대로 옮겨 심을 수 있는 펠릿 파종이 이상적입니다.

펠릿 파종 1일 차 적상추와 양상추

펠릿 파종 9일 차 적상추(왼쪽)와 양상추

모종 포트 트레이 발아

모종 포트 트레이에 씨앗을 파종하면, 넓은 화분에 씨를 흩뿌려 키우는 것보다 훨씬 튼튼한 모종을 얻을 수 있습니다.

모종 틀에서 자란 상추 새싹

본 잎이 2개째 나온 상추 싹

흙 파종

흩뿌린지 16일 차 청로메인 새싹

큰 화분에 씨를 흩뿌려 파종하면 단기간에 수십 개의 싹을 한꺼번에 얻을 수 있습니다. 단, 파종 후 2주가 지나기 전에 새싹이 다치지 않게 하나씩 뽑아 작은 화분에 옮겨 심는 정교한 작업이 필요합니다.

식자재 활용한 모종

포기 상추(로메인, 꽃상추 등)는 밑동을 싹둑 잘라 활용하고, 밑동은 음식물 쓰레기통에 버리는데, 이 밑동을 작은 종지에 담아 물을 반 정도만 채워두면 일주일 사이에 위로는 새순이 돋고 아래로는 뿌리가 자라납니다. 매일 물을 갈아주어야 하는 약간의 번거로움만 인내하면 훌륭한 상추를 얻을 수 있습니다.

대형마트나 온라인몰에서 '뿌리째' 판매하는 상추를 구매해 겉잎부터 차례로 뜯어내면, 맨 윗부분에 아직 덜자란 어린잎들이 나타납니다. 이를 2~3일 정도 뿌리째 물에 담가 적응시킨 후 화분에 정식을 해주면, 꽃대가 오르기 전까지 신선한 상추를 계속 수확할 수 있습니다.

포기 로메인 밑둥에서 난 새순

뿌리가 달린 로메인

화분 정식

　화분에 흩뿌려 발아시킨 로메인 새싹들은 밀식되지 않게 솎아주기를
하면서 개별 화분에 옮겨 심었습니다.

분리중인 로메인 새싹

개별 화분에 정식중인 로메인 싹

모종 틀에서 발아 후 60일 재배한 상추

정식 5일 차 로메인 상추

모종 틀에서 60일 동안 키운 로메인 모종을 화분에 정식해 주었습니다. 확실히 모종 틀에서 자란 모종은 흩뿌리기로 발아한 모종보다 뿌리가 훨씬 튼튼하고 잎의 상태도 눈에 띄게 건강합니다.

뿌리째 구매한 상추들은 겉잎부터 뜯어내어 식자재로 활용하고, 어린잎과 뿌리는 화분에 정식합니다. 정식 후 첫 물 주기는 상추가 새로운 환경에 적응할 시간을 부여하는 중요한 과정입니다. 상추는 햇빛을 좋아하지만, 정식 후 바로 강한 직사광을 받으면 잎이 스트레스받아 시들 수 있습니다. 따라서 1~2일 정도 간접광이 드는 곳에서 적응 기간을 거친 뒤, 서서히 햇빛 노출을 늘리면 잎도 밀도 있고 푸르게 성장합니다.

뿌리째 정식한 바타비아, 로메인, 버터헤드

성장기 관리

정식 후 안정되면 상추는 빠른 속도로 잎을 확장하며 본격적인 생장 단계에 접어듭니다.

물 주기

상추는 잎 면적이 넓어 수분 증산이 빠르므로, "16쪽 물주기 원칙" 보다 자주 확인하고, 여름철에는 뿌리가 상하지 않도록 아침에 물을 줍니다.

빛

상추는 직사광 2~4시간에 간접광 4~6시간 정도의 환경에서 건강하게 자랍니다. 빛 부족은 상춧잎이 연약해지고 웃자라며 색도 옅어집니다. 반대로 강한 직사광에 장시간 노출되면 잎끝이 타거나 수분 손실로 생장이 지연될 수 있습니다.

흙과 화분

상추는 뿌리를 깊이 내리지 않고 얕게 자라므로, 깊은 화분보다 한 포기 기준 지름 15㎝ 전후의 수평으로 넓은 화분이 유리합니다.

병해충 예방

상추는 옥상이나 발코니 재배 시 진딧물, 응애, 노균병에 취약할 수 있습니다. 통풍을 유지하고, 잎 위에 물을 과하게 뿌리지 않으며, 빛을 충분히 확보하면 발생 확률이 줄어듭니다. 화분 간 간격을 유지해 공기 순환을 돕는 것도 중요합니다.

솎아주기

상추는 생장이 빨라 잎이 겹치면 안쪽 잎의 광량 부족과 통풍 저하로 병해충 위험이 높아집니다. 잎과 잎이 겹치면 안쪽 잎이 빛을 충분히 받지 못해 약해지고, 공기 흐름이 막혀 병해충에 노출될 수 있습니다. 겉잎부터 주기적으로 따내는 방식으로 잎을 솎아주면 잎 생장을 유지하면서 수확까지 동시에 할 수 있습니다.

뿌리째 구매해 정식한 로메인은 바깥쪽 잎부터 지속적으로 수확하면 계속 새잎이 나옵니다. 정식 후 8개월이 넘어가니 나무처럼 변해갑니다.

뿌리째 구매한 로메인 정식 3개월 차

뿌리째 구매해 심은 로메인 정식 8개월 차

겨울 무렵 파종해 햇빛 부족과 낮은 기온으로 연약했던 상추도 꾸준히 솎아주고 복토하며 관리하면 한 달 뒤에는 건강한 잎을 만들어냅니다.

파종 한 달 차 정식한 연약한 상추

파종 두 달 차, 정식 한 달 차 상추

수확

상추는 발아 후 약 30~40일이 지나면 수확이 가능합니다. 이 과정을 지켜보면 식물도 사람과 비슷하다는 생각이 듭니다. 사람도 어릴 때는 약하고 힘없다가 어느 순간 훌쩍 크듯이, 약하고 힘없어 죽을 것만 같던 모종들이 어느 순간 자리를 잡고 뿌리를 내리면 빠르게 자랍니다. 일조량까지 충분하면 생육에는 금상첨화입니다.

꽃상추가 화분 밖으로 넘칠 듯 자라면 바깥쪽 잎부터 수확해 새로 나온 잎들이 건강하게 자랄 공간을 확보해 줍니다. 겉잎부터 수확하기 시작해 두 번의 절기가 지나면, 줄기가 위로 자라며 목질화가 진행되고, 어느덧 꽃대가 올라오고 생을 마감합니다. 조금 더 상춧잎을 오래 수확하려면 꽃대를 잘라주어 몇 주 정도 더 상춧잎을 수확할 수 있습니다.

생육이 활발해져 성장 속도가 빨라진 상추

꽃대 형성은 영양생장에서 생식생장으로 방향을 전환하는 자연스러운 과정이지만 25℃ 이상의 고온과 긴 일조시간에 노출되면 꽃대 형성이 촉진되기도 합니다.

여러 화분에 정식해 재배하던 상춧잎들을 겉잎부터 조금씩 수확해 모아 놓으면 집에서 키워 여리여리하지만, 식탁 위에서는 제 몫을 충분히 합니다. 다양한 상추를 매 끼니 신선하게 먹을 수 있습니다.

쌈 채소 수확 릴스

K-푸드 레시피

한국의 쌈 문화는 곡물(밥), 단백질(고기, 어패류), 채소, 발효장(쌈장), 향신 재료(마늘, 고추)를 한 장의 잎으로 싸서 먹는 독특한 방식으로 조리법과 식재료의 조합 측면에서 한국 고유의 음식 문화로 가치를 인정받고 있습니다.

한국인의 식탁에서 상추 한 장은 짭짤함과 고소함, 매운맛과 단맛, 그리고 뜨거움과 차가움을 모두 한 번에 어우러지게 합니다. 또한 상추쌈은 지방, 염분, 단백질이 많은 음식에 신선한 채소를 곁들여 다양한 영양소를 균형 있게 섭취할 수 있게 해주는 훌륭한 건강식입니다.

특히 로메인 상추는 잎의 두께가 조금 더 탄탄하고 결구력(잎이 여러 겹으로 겹쳐서 속이 둥글게 차는 능력)이 있어, 한식과 서양식 식단 양쪽에서 모두 활용도가 높습니다. 겉잎은 아삭하고 속잎은 부드러워, 쌈으로 먹을 때도 쉽게 찢어지지 않고 형태를 잘 유지한다는 장점이 있습니다.

비빔밥 & 볶음밥과 상추

비빔밥을 상추에 한 수저 올려 쌈으로 먹으면 고추장의 텁텁함을 잡아주어 개운함을 느낄 수 있고, 식이섬유 섭취량도 늘어납니다. 볶음밥은 기름에 코팅된 고열량 탄수화물 요리인데, 상추에 싸 먹으면, 식이섬유가 소화 과정을 돕고, 포만감을 높여 줍니다.

김치볶음밥과 상추 한 상

비빔밥에 상추 더하기

불닭볶음면과 상추쌈

인스턴트 식품의 대명사이자, 매운맛의 끝판왕으로 불리는 '불닭볶음면'은 스트레스로 지친 하루의 끝에 마주하는 강렬한 매운맛으로, 머리가 쭈뼛쭈뼛 설 만큼 짜릿한 자극을 주며 마음을 달래주는 작은 안식처가 되기도 합니다.

상추와 파프리카와 함께하는 불닭볶음면

불닭볶음면과 상추

PLUS TiP 불닭볶음면, 조금 더 건강하게 즐기는 법

방법 1. 용기 교체로 화학 물질 걱정 덜기

컵라면 용기 대신 내열 유리 용기에 면을 옮겨 담아보세요. 뜨거운 물을 붓고 수프를 넣으면, 일회용 용기 코팅에서 용출될 수 있는 화학 물질에 대한 걱정 없이 드실 수 있습니다.

방법 2. 자극적인 볶음면, 상추쌈으로 중화하기

불닭볶음면 같은 자극적인 면 요리는 상추쌈으로 즐겨보세요. 파프리카, 오이, 사과 등 냉장고 속 채소를 곁들여 볶음면을 '쌈장'처럼 활용해 먹으면, 식이섬유 섭취량도 늘리고 매운맛은 기분 좋게 완화할 수 있습니다.

방법 3. 면의 기름기는 줄이고 단백질은 더하기

1. 면에 뜨거운 물을 붓고 2분 뒤 물을 따라 버립니다.
2. 다시 뜨거운 물을 부어 1분을 기다립니다. 물을 두 번 교체하면 면의 유지 성분(기름기)이 대폭 줄어듭니다.
3. 물을 붓기 전, 냉장이나 냉동시켜 놓은 살코기(돼지, 소, 닭 모두 가능) 대여섯 조각을 함께 넣어 데워줍니다.
4. 물을 버린 뒤 수프와 함께 비벼내면, 자극적인 맛은 줄어들고 단백질까지 챙긴 훌륭한 한 끼가 완성됩니다.

수육 넣은 불닭볶음면

불닭볶음면 내열 용기

불닭볶음면과 수육 상추쌈

깻잎

한국인의 밥상에서 깻잎은 상추와 더불어 가장 대표적인 '쌈 채소'입니다. 깻잎에 들어있는 방향성 정유(Essential oil) 성분은 깻잎 특유의 알싸하고 향긋한 향을 만들어내는데, 이 향은 식욕을 돋울 뿐만 아니라 다양한 음식의 풍미를 한층 깊게 만들어줍니다.

영양학적으로도 깻잎은 식이섬유, 칼륨, 칼슘이 풍부하여 육류 섭취 시 함께 곁들이면 균형 있는 영양 섭취에 도움이 됩니다. 특히 식이섬유는 배변 활동을 원활하게 돕고, 칼륨은 체내 나트륨 배출을 촉진하는 역할을 합니다. 이러한 특성 덕분에 지방과 나트륨이 높은 육류 요리나 맵고 짠 한식 요리에 더할 나위 없이 잘 어울리는 식재료입니다.

씨앗 심기(파종)

깻잎의 노지 파종 적기는 봄철, 4월 하순에서 5월 상순 사이입니다. 적정 발아온도는 20~25℃이고, 15℃ 이하에서는 발아가 늦거나 되지 않을 수 있습니다. 햇빛을 충분히 받을수록 잎의 두께, 색, 품질이 좋아지는 빛을 좋아하는 작물입니다.

깻잎은 품종, 채종 시기, 저장 조건 등에 따라 발아율의 편차가 큽니다. 휴면(종자가 잠을 자는 것)성이 발생하는 종자로, 휴면 또는 저장 기간에 따라 알맞은 발아 조건에도 발아가 되지 않을 수 있습니다.

물 파종

작은 종지에 물을 적신 키친타월을 놓고 그 위에 깻잎 씨앗을 올려두면, 약 3일 전후에 종피(씨앗 껍질)가 갈라지며 싹이 틉니다.

물 파종 1일 차 깻잎 씨앗

물 파종 3일 차 깻잎 씨앗

펠릿 파종

펠릿 파종 시 약 6일 전후에 싹이 트고, 약 15일 후에는 본잎이 나오기 시작하며, 화분에 옮겨 심을 수 있는 크기로 성장합니다. 펠릿 하나에

한 포기를 기르는 경우, 한 달 정도 더 길러 뿌리 조직이 충분히 발달한 후 정식할 수도 있습니다.

모종 포트 트레이 발아

실내 재배 시 계절에 따라 자라는 속도가 크게 달라집니다. 햇빛이 충분하고 실내 온도가 안정적인 9월에 파종한 깻잎은 약 15일이면 정식을 할 만큼 자랍니다. 반면 한겨울에는 자연광이 약하고 베란다 온도가 낮아 생육 속도가 느려져 흙 파종 후 정식까지는 한 달 이상이 걸립니다. 실제로 2월 베란다 환경에서는 32일 차에 정식할 수 있는 크기가 됩니다.

깻잎은 한 번에 섭취하는 양이 많아 집에서 재배할 때 좀 더 많이 키우고 싶다면, 흩어뿌림으로 발아시키면 수십 개의 새싹을 단기간에 얻을 수 있습니다.

흩어뿌림 파종 1일 차 깻잎

흩어뿌림 파종 20일 차 깻잎

화분 정식

9월(가을) 펠릿 파종은 15일 차에 본잎이 나와 화분에 정식이 가능합니다. 정식 시 하나의 펠릿에 있던 여러 개의 포기들을 작은 크기(입구 지름: 10cm) 화분에 한 포기씩, 화분의 중간에 떡잎 바로 아래까지 심어 줍니다.

가을 파종 후 15일 차에, 화분에 정식 한 사진

정식 2일 차

흩어뿌림으로 파종한 깻잎이 파종 20여 일 후 잎끼리 겹치고 줄기가 위로만 길게 자라는 밀식 상태가 되면 큰 화분으로 옮겨 심습니다. 화분 아래서부터 흙과 분리한 뒤, 뿌리가 최대한 다치지 않도록 싹을 하나씩 분리합니다. 건강한 싹부터 골라 3~5cm 간격으로 심어 광합성 공간을 확보하면, 솎아주기 작업이 자연스럽게 이루어지는데, 웃자란 개체나 뿌리가 약해 보이는 개체는 제거합니다.

밀식 상태의 깻잎 화분

정식 중인 깻잎 싹

정식을 마친 깻잎

집에서 식물을 키우다 보면 화분의 개수가 늘어나는 것도 부담입니다. 화분 수를 줄이려면 모종 포트 트레이 중 가장 큰 홀(구)를 가진 것을 선택해 새싹을 이식한 후 어느 정도 키운 뒤 큰 화분으로 분갈이하는 방법이 효율적입니다.

펠릿 파종 13일 차에 모종 포트 트레이로 옮겨 심어 파종 41일 차까지 30여 일을 키운 후 큰 화분으로 정식했습니다. 깻잎은 뿌리가 아래로 깊게 발달하며 위로 키가 자라므로, 깊이가 20cm 이상의 화분을 선택합니다.

화분 대신 21구로 구성된 모종 포트 트레이로 파종 13일 차 정식

파종 37일 차 깻잎

큰 화분으로 정식된 파종 49일 차 깻잎

성장기 관리

깻잎의 생육 적정 온도는 20~25℃이며, 고온기에는 잎이 작아지고 향도 약해집니다. 하루 5~6시간 이상 햇빛을 받으면 지속적으로 수확할 수 있습니다.

깻잎은 생육 기간 동안 꾸준히 영양을 소모하기 때문에 물을 줄 때 액체 비료를 희석하여 공급하면 잎의 향과 품질이 좋아집니다.

파종한 지 30여 일까지는 발아와 초기 뿌리 형성에 에너지를 많이 쓰기 때문에 겉보기에는 성장이 매우 느리게 느껴집니다. 약 40일 이후부터는 뿌리가 안정적으로 자리 잡고 본잎의 수가 늘어나면서 잎의 크기와 생육 속도가 눈에 띄게 빨라집니다. 깻잎은 통풍이 잘되는 환경에서 병이 덜 생기고, 깻잎 특유의 향도 좋아집니다.

파종 25(정식 6)일 차

파종 31(정식 12)일 차

파종 43(정식 24)일 차

파종 48(정식 29)일 차

파종 70여 일이 되면 생식생장 단계에 들어가면서 꽃대를 올리기 시작합니다. 채종 계획이 없고 깻잎을 계속 수확하려면 초기의 꽃대를 잘라 줍니다. 꽃대가 생기면 식물의 에너지가 잎 성장보다 꽃과 종자를 만드는 쪽으로 이동하기 때문에 잎의 크기와 수량이 줄어듭니다.

꽃대가 보이고 10여 일 후에는 하얀 들깨꽃이 피고, 꽃이 지면 그 자리에 들깨 씨앗이 맺힙니다. 이 씨앗은 건조 후 다시 파종하면 발아가 가능합니다.

파종 59일 차 깻잎

파종 69일 차 꽃대가 생김

파종 81일 차 들깨 꽃

수확

깻잎은 파종 후 50일 정도가 되면 아래쪽 잎이 충분히 성장하여 수확이 가능합니다. 어린잎은 조직이 연하고 향도 잘 유지되기 때문에 식감과 풍미가 가장 좋으므로, 파종 50~70일 사이에 수확하는 것이 좋습니다.

집에서 재배할 때는 잎을 두 장 정도 겹쳐서 쌈을 싸 먹을 수 있는 크기가 되었을 때 수확하면 보드랍고 향긋한 깻잎을 맛볼 수 있습니다. 크게 자란 잎은 광합성을 돕지만, 오래 두면 질겨지고 향이 옅어집니다. 다 자란 깻잎을 잘라 내야 새로 생긴 깻잎의 영양 상태가 좋아져 더 빨리 잘 자랄 수 있습니다.

파종 60여 일 이후에는 수확하면서 꽃대가 올라오는지 살펴보고, 잎을 더 많이 수확할 계획이라면 꽃대를 잘라줍니다.

파종 62일 차에 아래 잎부터 수확을 시작

파종 62일 차 수확하며 꽃대 제거

파종 62일 차에는 깻잎이 충분히 성장하여 수확하기 적당한 시기입니다. 70일을 지나면 노화가 시작되어 잎이 질겨지므로, 그 전에 틈틈이 수확합니다. 소독된 가위로 아랫잎부터 한 장씩 자르되, 새순 외에 다 자란 한두 장은 남겨 광합성을 유지합니다. 과도한 잎 제거는 생장점에 스트레스를 주어 이후 잎 생성 속도에 영향을 줍니다.

K-푸드 레시피

깻잎은 열을 가하면 수용성 비타민과 향 성분이 감소할 수 있어 생으로 먹거나 절임을 하는 방식이 영양소 보존 측면에서 유리합니다. 장기간 보관할 때도 열처리보다 저온, 저염 숙성이 좋으며 조직감 유지에도 도움이 됩니다.

생 깻잎지

홈가드닝으로 수확량이 많을 때, 깻잎을 장기 저장해 먹는 방법으로는 깻잎지(깻잎 김치 또는 장아찌)가 있습니다. 생 깻잎지는 깻잎 표면에 양념이 천천히 스며들어 숙성되기 때문에, 수확한 깻잎을 오래 보관하면서 고유의 향과 식감을 유지할 수 있습니다.

[재료] 깻잎 100장, 양파 100g(1/2개), 통깨 약간

[양념] 간장 45㎖(3큰술), 설탕 4g(1작은술), 고춧가루 2g(1작은술), 물100㎖

[만드는 방법]

1. 깻잎을 씻은 후 채반에 받쳐 물기를 제거합니다.

2. 양파를 가늘게 채 썰어 양념과 모두 섞습니다.

3. 깻잎을 2장씩 포개어 섞어 둔 양념을 1/2작은술씩 펴 바릅니다.

4. 냉장고에서 하루 숙성 후, 반을 나누어 위아래 위치를 바꾸어 줍니다.

베이킹파우더를 뿌려 세척

채반에 받쳐 물기 제거

양념 바르고 3시간 후 생 깻잎지

생 깻잎지를 만들 때는 깻잎 표면의 수분을 충분히 제거하는 과정이 중요합니다. 잎 표면에 물기가 남아 있으면 깻잎 조직이 물러지고, 양념이 고르게 배지 않고 저장 중 품질이 떨어질 수 있습니다.

양파를 채 썰어 양념에 더하면 깻잎지 특유의 촉촉한 맛이 나고, 양파의 단맛이 간장의 짠맛을 부드럽게 중화하여 풍미를 더해 줍니다.

건강을 생각하여 깻잎을 생으로 먹는 것을 기준으로 양념한 깻잎지입니다. 위 레시피 양념 기준으로 냉장고에서 두 달 이상 보관이 가능합니다. 짭짤한 맛을 원한다면 간장의 양을 90㎖(6 큰술)로 늘리고 고춧가루도 1g(1/2작은술) 더 넣으면 됩니다.

깻잎 떡볶이

90년대 후반 신촌의 한 떡볶이 맛집 비결은 에메랄드색 접시 위에 떡볶이를 담은 후 가득 올려준 '채 썬 깻잎'이었습니다. 일명 '깻잎 떡볶이'로 불린 이 조합은 뜨거운 양념과 생깻잎 향이 어우러져 매운맛과 풍미를 동시에 잡은 별미가 되었습니다.

[재료] 밀 떡볶이 떡 한 봉지, 쫄면 1/2봉지, 어묵 2장, 깻잎 15장
[양념] 고추장 40g(2큰술), 설탕 6g(1/2큰술), 다진 마늘 5g(1작은술), 물 400㎖
[만드는 방법]

1. 냉장 보관하던 떡볶이 떡은 찬물에 담가 10분 이상 냉기를 빼줍니다(냉동 보관 떡은 30분 이상 담가두어야 조리 시 터지지 않아요!).
2. 쫄면은 뭉쳐있는 면의 끝을 잘 풀어 놓습니다.
3. 어묵은 원하는 크기로 길게 혹은 삼각이나 사각 모양으로 자릅니다.
4. 깻잎은 세척 후 0.5cm 정도로 채 썰어 줍니다.

5. 물 400㎖에 고추장 40g(2큰술), 설탕 6g(1/2큰술), 다진 마늘 5g(1작은술)을 넣고 끓어오르면 떡, 어묵, 쫄면 순으로 넣어줍니다(쫄면을 먼저 넣으면 불어서 바닥에 붙어요! 주의!).

6. 5~7분 이상 끓여 떡과 쫄면이 알맞게 익으면 그릇에 담은 후 채 썬 깻잎을 가득 올려 완성합니다.

생깻잎 채를 올린 떡볶이과 군만두

영양 포인트

깻잎은 100g당 칼륨이 421mg으로 상추보다 1.7배 많아 나트륨 배출을 촉진하고 혈압 건강에 도움이 됩니다. 식이섬유는 상추의 3배 수준인 5.7g을 함유하여 포만감을 제공해 체중 조절에 도움이 됩니다. 뼈 건강에 좋은 칼슘 또한 상추의 2.9배 수준으로 들어 있습니다.

출처: 식품영양성분통합데이터베이스(식품의약품안전처.2025)

PLUS TIP 배달 음식, 조금 더 건강하게 즐기는 방법

방법 1. 식이섬유(생채소, 나물, 해조류) 곁들이기

식이섬유는 고열량 음식의 흡수 속도를 늦추고, 나트륨과 지방의 배출을 돕습니다. 채소와 해조류를 곁들이면 위장 내 이동 속도가 조절되어 영양소의 과잉 흡수를 방지하고 노폐물 배출이 원활해집니다.

방법 2. 소스는 '부먹' 대신 '찍먹'으로

염분과 당분 섭취를 줄이려면 소스는 '찍먹'하세요. 떡튀순(떡볶이, 튀김, 순대)은 깻잎을 듬뿍 얹어 먹거나 싸서 드세요.

깻잎을 듬뿍 썰어 넣은 배달시킨 떡볶이, 튀김, 순대

방법 3. 단짠맵(달고 짜고 매운) 음식은 풍성한 깻잎 쌈으로

배달 쭈꾸미볶음이나 낙지볶음에는 기본으로 쌈무(식이섬유), 구운 김(해조류), 깻잎이 함께 포장되어 옵니다. 여기에 집에서 키운 신선한 깻잎과 생양파를 추가하면 식이섬유 섭취량을 자연스럽게 늘릴 수 있습니다.

배달온 쭈꾸미볶음에 곁들인 깻잎

쭈꾸미 깻잎 쌈

배추

배추는 서늘한 기후를 좋아하는 채소로, 가벼운 서리 정도는 견딜 수 있습니다. 노지 재배 기준으로 배추는 정식 후 60~90일(품종에 따라 상이) 후에 수확할 수 있으며, 김장을 위한 배추 정식 시기는 중부 지방 기준 8월 하순에서 9월 상순이 적합합니다. 육묘 기간은 15~20일이며, 재배 환경이 안정적이면 파종 후 약 70일 후부터 수확이 가능합니다.

배추는 수분이 약 95%인 채소로 물을 좋아하지만, 수분이 과다하면 잎과 줄기가 쉽게 물러지고 뿌리가 약해지므로 주의해야 합니다. 또한 생육 기간이 비교적 짧은 작물이므로 초기에 밑거름을 충분히 섞어주어야 성장기의 잎과 뿌리 발달이 안정됩니다.

씨앗 심기(파종)

배추의 적정 발아 온도(20~25℃)에서 보통 48~72시간 사이에 발아합니다. 김장용 노랑맛배추 종자를 구매해 작은 화분에 10개를 파종하니, 파종 3일 차부터 싹이 나기 시작합니다. 이 시기의 배추 싹은 조직이 매우 연약하여 갑작스러운 직사광선에 오래 노출되면 잎끝이 타기 쉽습니다. 파종 직후의 어린 모종은 은은한 확산광 아래 두어야 잎의 세포 분열과 뿌리 형성이 균형 있게 진행됩니다.

파종 8일 차에는 동그란 떡잎이 있는 싹이 7개로 늘어났고, 11일 차에는 두 장의 떡잎 사이에서 본잎이 아주 작게 나오기 시작합니다. 배추 새싹은 수분에 매우 민감해 쉽게 녹아버릴 수 있어, 파종 초기에는 겉흙이 마르기 시작할 때 물을 주는 방식으로 관리하는 것이 좋습니다.

화분 정식

파종 19일 차에 큰 화분으로 정식했습니다. 정식 후 파종 42일 차까지는 눈에 띄는 변화 없이 성장이 다소 더디게 느껴질 수 있으나, 45일 차를 기점으로 하루가 다르게 잎이 무성하게 커지기 시작합니다.

파종 19일 차 정식

파종 42일 차 배추

파종 5일 차

파종 51일 차 속노란 배추 모습

기후 온난화로 38℃를 넘는 폭염이 지속되던 시기, '이상고온으로 배추 농사 난항'이라는 뉴스를 접했습니다. 김장철 배춧값이 더 오를 것이라는 생각에 온라인으로 모종을 찾아보니, '항암배추 모종' 반 판(64구)이 15,000원이었습니다. 배추 한 포기를 300원도 안 되는 가격에 키워 김장을 할 수 있겠다는 희망을 품고 모종을 주문했습니다.

하지만, 집에 있는 화분의 개수가 64개에 미치지 못했습니다. 상추나 적겨자와 비슷한 방식으로 키울 수 있을 것으로 생각하고, 큰 화분에 두 포기씩, 작은 화분에는 한 포기씩 심었습니다.

나중에 알게 된 사실이지만, 배추는 근권(뿌리 확장 범위) 요구도가 매우 큰 작물로, 한 화분에 여러 포기를 심으면 뿌리가 서로 경쟁해 생육이 제한됩니다. 즉, 충분한 뿌리 확장 공간이 확보될수록 지상부 생장이 안정되며 결구 단계까지 무리 없이 자랍니다.

화분에 나눠 심어진 정식 1일 차 배추 모종

성장기 관리

물 주기

결구하는 시기에는 잎이 빠르게 커지고, 내부로 말려 들어가면서 수분 소모가 급격히 증가하므로 흙이 마르지 않도록 신경 써야 합니다. 단, 과습은 무름병, 균핵병 같은 병해의 원인이 되므로 주의해야 합니다.

흙과 화분

배추는 빠르게 영양을 소모하는 작물로, 지렁이 분변토 비율을 15%로 높여 밑거름을 충분히 줍니다. 작은 화분에서 뿌리가 자리 잡은 뒤, 생육이 탄력받는 중기 시점에 한 번 분갈이 하는 것이 안정적인 생장 유지에 효과적입니다.

대형 화분에 정식한 배추 모종과 소형 화분에 정식한 배추

중형 화분에 두 포기 정식한 배추

분갈이

정식 후 약 2~4주가 지나면 뿌리가 화분 벽에 맞닿으면서 생육 속도가 잠시 정체될 수 있습니다. 이 시점에 더 큰 화분으로 옮겨 심어주면 뿌리의 활동 공간이 넓어지며, 수분과 양분 흡수력이 증가합니다. 실제로 분갈이한 뒤 11일 차에는 잎 면적이 빠르게 넓어지고 잎 조직이 두꺼워지는 것을 확인할 수 있었습니다.

정식 33일 차, 분갈이 11일 차 잎이 빠르게 커지기 시작

영양(비료, 거름)

배추는 3~4개월 정도의 비교적 짧은 기간 내에 결구까지 마쳐야 하므로, 생육기 영양 상태가 매우 중요합니다. 특히 실내에서 재배할 때는 영양 공급이 제한적일 수 있어, 3일에 한 번씩 액체 비료를 희석해 물을 주고, 2주에 한 번은 지렁이 분변토 등으로 웃거름을 챙겨주어야 합니다.

솎아주기

배추는 잎이 넓고 층층이 겹쳐 자라므로, 좁은 공간에 빽빽하게 심어진 상태에서는 빛이 잎 내부까지 도달하지 못하고, 통풍이 원활하지 않아 병해충 발생 위험이 커집니다. 밀식 재배 시 겉잎이 자랄 때마다 꾸준히 수확해 주어야 빛의 투과율과 통풍이 좋아지며, 양분 또한 효율적으로 분배됩니다. 솎아낸 어린 배춧잎은 조직이 부드럽고 단맛이 강해 쌈 채소나 겉절이, 전골용 재료로 활용하기 좋습니다.

정식 52일 차 배추

배추 묶기

김장을 위해 배추를 수확하던 중, 한겨울 배추의 생태가 궁금해져 베란다에 몇 포기를 남겨 두었더니, 한 달 후에도 배추는 계속 성장하고 결구가 진행되었습니다. 다 자라지 않은 상태의 배추를 마음이 급해 먼저 수확했던 모양입니다.

기온이 15~18℃의 서늘한 상태가 되면 배추는 결구를 시작해 동그란 모양이 잡히기 시작합니다. 결구는 배추 스스로 진행하는 생리적 과정이므로 인위적으로 배추를 묶어줄 필요는 없습니다. 실내에서는 육묘 기간과 생육 속도가 노지보다 두 배 정도 더 걸리는데, 이때 배추를 묶어버리면, 광합성과 전반적인 생육에 오히려 불리하게 작용합니다. 노지 재배 시 배추를 묶는 이유는 추위보다는 겨울철 바람과 서리, 습설로부터 보호하려는 조치입니다.

스스로 결구가 진행되고 있는 배추

묶어주지 않아도 시간이 가면서 결구하는 배추

수확

　배추의 수확 시기는 결구 밀도, 겉잎의 건강 상태, 그리고 잎의 수분 감이 기준이 됩니다. 노지 재배 시 배추는 정식 후 약 60~90일 사이에 결구가 완성되어 수확 적기에 도달합니다. 실내에서 재배하여 정식 91일 차를 맞이한 배추는 결구가 시작된 상태였습니다. 속이 단단히 차오르지는 않았으나, 잎의 수분감과 전반적인 생육 상태가 매우 건강하여 수확을 결정했습니다.

정식 91일 차 배추 한 포기 크기

정식 91일 차에 수확한 배추

K-푸드 레시피

김장 김치 만들기

[재료] 배추 10포기, 무 5개, 쪽파 1단, 소금 3~4kg

[육수] 물 3ℓ, 북어 대가리 2개, 멸치 한 주먹, 무 2조각, 양파 1개, 다시마 2장,

고추씨 1큰술, 생강 2알, 마늘 10알, 표고버섯 5개

[찹쌀풀] 물 500㎖, 찹쌀가루 100g

[절임] 굵은 소금 2~3kg(배추 사이사이 넣을 용도),

소금물: 물 10ℓ+굵은 소금 1kg(담금용 10% 농도)

[김치소] 고춧가루 1.2kg, 다진 마늘 100g(10큰술), 설탕 80g(6큰술), 매실액 45

㎖(3큰술), 새우젓(육젓) 300g, 멸치액젓 250㎖, 갓 1/2단(3cm 길이로

썰기)

[만드는 방법]

1. 배추는 세로로 반을 가르고 밑동에 칼집을 넣어 둡니다. 소금물에 담근 뒤 자른 면
   에 소금을 고루 뿌려 6시간 절이고, 뒤집어 6시간 더 절입니다.

2. 물 3ℓ에 육수 재료를 넣고 한 시간 동안 끓인 뒤 식혀 둡니다.

3. 무 5개는 0.5cm 두께로 채 썰어 김칫소 양념에 버무린 뒤, 육수 1ℓ와 찹쌀풀 500
   ㎖를 부어 섞어 줍니다.

4. 절인 배추는 흐르는 물에 두 번 헹군 뒤 채반에 엎어 하룻밤 동안 충분히 물기를
   뺍니다.

5. 물기를 뺀 배춧잎 사이사이에 김칫소를 켜켜이 넣고, 양념이 겉면까지 고루 묻도록
   버무려 마무리합니다.

볶아낸 멸치와 밴뎅이

김장 육수 내기 전 재료 모음

육수 낼 고추씨

김치소 재료

김치소 넣기 전의 절인배추와 김치소양념

베란다 배추 김치

배추 겉절이 레시피

[재료] 알배추 1통(약 600g), 통깨 4g(1/2큰술)

[찹쌀풀] 물 100㎖, 찹쌀가루 20g

[절임물] 물 500㎖, 굵은 소금 50g

[양념] 다진 마늘 15g(1큰술, 알마늘 6~7알), 배 1/8개, 양파 1/4개, 멸치액젓 45
㎖(3큰술), 새우젓(육젓) 20g(1큰술), 매실청 30㎖(2큰술), 설탕 6g(1/2큰
술), 고춧가루 40g(6큰술, 고춧가루의 매운 정도와 기호에 따라 가감)

[만드는 방법]

1. 물 100㎖에 찹쌀가루 20g을 풀어 약한 불에서 저어가며 끓인 뒤 충분히 식혀 둡니다.

2. 알배추는 세로로 반을 가르고 밑동을 잘라낸 뒤, 잎을 사선으로 어슷썰어 먹기 좋
은 크기로 준비합니다.

3. 물 500㎖에 굵은 소금 50g을 녹여 절임물을 만든 뒤, 배추를 담가 30분마다 한
번씩 뒤집어 총 1시간 절입니다.

4. 절인 배추는 흐르는 물에 가볍게 헹군 뒤 채반에 받쳐 물기를 충분히 뺍니다.

5. 볼에 양념 재료를 모두 넣고 고루 섞어 양념장을 만듭니다.

6. 물기를 뺀 배추에 양념장을 넣고 살살 버무린 뒤 통깨를 뿌려 마무리합니다.

절이고 있는 알배추

양념을 버무린 알배추

어린 배춧잎은 조직이 연하고 섬유질이 부드러워 다양한 한식 요리에 활용하기 좋습니다. 은은한 단맛과 아삭한 식감이 살아 있어 생으로 먹어도 좋고, 열을 가해도 식감이 쉽게 무르지 않는다는 장점이 있습니다.

어린 배춧잎은 훌륭한 쌈 채소가 됩니다. 삼겹살 구이, 보쌈, 수육 등 고기 요리에 곁들이면 기름진 맛을 중화하고 신선한 식감을 더해 줍니다. 또한 어린 배춧잎은 된장국, 버섯전골 등의 베이스 채소로 사용하면 국물에 자연스럽게 단맛이 깊게 배어납니다.

김장 김치와 수육

바질

바질은 싱그러운 생잎을 사용할 때 특유의 고소함과 풍미가 가장 잘 살아나는 허브입니다. 건조된 바질은 생바질만큼 향이 강하지 않고, 가열 조리 시에는 풍미가 금방 희미해집니다. 하지만 생바질은 김치처럼 매일 먹는 식재료가 아니다 보니, 요리에 쓸 몇 장을 위해 한 통씩 구매하기에는 부담이 큽니다. 남은 잎은 금방 시들어 보관도 까다롭습니다. 그래서 바질은 직접 기르면 만족도가 매우 높은 식물입니다. 베란다에 한두 줄기만 심어도 필요할 때마다 즉시 수확해 신선한 풍미를 즐길 수 있습니다.

바질은 뿌리가 섬세하고 온도 변화에 민감해 이식 스트레스를 크게 받고 시들어버려, 초보자에게는 모종을 키우는 일이 유독 까다롭게 느껴질 수 있습니다. 반면, 씨앗부터 직접 발아시켜 키우면 환경 변화에 더 잘 적응하며 훨씬 안정적으로 자라납니다.

씨앗 심기(파종)

구입한 바질 씨앗은 이탈리아산으로, 발아율은 50% 이상입니다. 노지 재배를 기준으로 하면 4월에 파종해 8월에 수확하거나, 8월 말에 파종해 11월에 수확하는 것이 적절합니다.

바질의 적정 발아 온도는 20~30℃이며, 최적 온도는 약 25℃입니다. 20℃ 이하에서는 발아 속도가 더뎌지거나 발아율이 낮아질 수 있습니다. 바질 씨앗은 저온보다는 고온에서 발아가 잘 되므로 노지 재배 시에는 4월 이후 파종이 유리합니다. 또한 바질은 씨앗이 매우 작아 너무 깊이 심으면 발아가 어렵고, 너무 얕게 심으면 물 주기 과정에서 씨앗이 떠오르며 마를 위험이 있어 주의해야 합니다.

물 파종

바질 씨앗은 물에 닿으면 씨앗 표면의 점막층(뮤실리지*, Mucilage)이 수분을 흡수하며 개구리알처럼 부풀어 오르고, 이후 싹이 나옵니다. 지퍼백을 이용해 물 파종을 하면 1일 차에 뿌리가 나오고 3일 차에는 연두색 떡잎이 보입니다. 물 파종 4일 차에는 선명한 초록색 떡잎이 나와, 지퍼백 안에서 더는 유지하기 어려워 화분으로 옮겨 심었습니다.

---

* 뮤실리지는 종자 발달 중 종피(씨껍질) 세포에 침착되며, 씨앗 발아와 초기 새싹 발달 동안 물의 저장소 역할을 합니다. 물에 담그면 씨앗의 외피가 젤라틴 형태로 부풀어 오릅니다.

지퍼백에 넣은 바질 씨앗

물 파종 1일 차 바질 씨앗

물 파종 3일 차 바질 씨앗

물 파종 4일 차 바질 씨앗

흙 파종

흙 파종한 지 7일 차가 되자 일곱 개의 바질 새싹이 돋아났고, 11일 차에는 아홉 개의 싹이 올라왔고, 떡잎 중앙에서는 작은 본잎이 형성되기 시작합니다. 더 발아할 씨앗이 있을까 싶어, 파종 19일 차까지 기다려봤지만, 새싹이 더는 나오지 않고, 떡잎 사이에서 본잎이 빠르게 커졌습니다.

화분 정식

물 파종으로 얻은 새싹은 크기가 매우 작아 어떤 것이 살아남을지 판단하기 어려워, 손바닥만 한 화분의 가장자리에 핀셋으로 작은 홈을 만든 뒤, 떡잎만 흙 위로 보이도록 조심스럽게 옮겨 심었습니다. 정식 직후에는 어디에 심었는지 한참을 들여다봐야 찾을 수 있습니다. 새싹이 너무 작아 식물등을 비춰주었더니 다음날 떡잎이 초록빛이 짙어졌고, 전날보다 훨씬 수월하게 새싹의 위치를 확인할 수 있었습니다.

물 파종 6일 차 정식

정식 1일 후 바질 새싹

흙 파종 후 밀식으로 키운 바질 새싹들은 파종 19일 차에 화분으로 정식했습니다. 새싹의 뿌리가 다치지 않도록 조심스럽게 분리합니다. 각각의 화분에 큰 모종 하나와 작은 모종 하나씩 배치해 심어줍니다. 9개의 바질 새싹을 지름 10cm 화분에 두 개씩 나눠 정식하고 마지막 하나는 발아시킨 화분에 그대로 정식했습니다.

정식할 화분 4개

화분 하나에 2개씩 정식

밀식하던 화분에 하나 정식

성장기 관리

빛

바질은 햇빛을 매우 좋아하지만, 빛이 조금 부족한 환경에서도 잘 자라는 편이라 봄부터 가을까지 베란다에서 키우기 좋습니다. 다만 장마철처럼 흐린 날이 장기간 지속될 때는 하루 3~4시간 정도 식물등을 사용하는 것이 좋습니다. 물 파종 17일 차(정식 13일 차)에는 본잎이 돋아나는 것이 눈에 띕니다. 이 시기는 잎이 광합성 능력을 키우는 과정이므로, 본잎이 손톱 크기 정도로 자랄 때까지 식물등을 활용해 부족한 광량을 보완했습니다.

식물등을 비춰준 바질싹

물 주기

바질을 씨앗부터 키울 때, 떡잎이 커지기 전의 새싹은 매우 작고 연약해 물줄기의 압력을 견디기 어렵습니다. 이 시기에는 분무기를 사용해 흙 표면에 물을 공급하는 것이 안전합니다. 자칫 물을 강하게 주면 작은 새싹이 흙 속으로 파묻혀 고사할 수 있습니다.

흙과 화분

본잎이 4~6장 나오면 뿌리와 잎이 생장 균형이 잡히는 시기라 정식을 해야 생육이 안정적입니다. 화분은 지름 10~12cm, 깊이는 10cm 이상 크기가 적당하며, 흙을 담아 두 줄기씩 최대한 멀리 떨어뜨려 심어줍니다. 화분의 모양은 아래로 갈수록 좁아지는 형태보다 위아래 너비가 비슷한 원통형이 물 빠짐이 더 원활하고, 바질이 무성하게 자랐을 때 무게중심을 잘 잡아주어 안정적입니다.

파종 37일 차, 화분 양쪽 끝에 심은 바질

파종 59일 차, 화분 양쪽 끝에서 자라는 바질

영양(비료, 거름)

바질이 왕성하게 자라는 시기에는 새잎을 만드는 데 필요한 양분이 꾸준히 공급되어야 합니다. 액체 비료를 주 2회 정도 희석하여 물 주기하고, 지렁이 분변토를 한 달에 한 스푼씩 화분 흙 위에 덧뿌려 주는 것이 좋습니다.

순자르기

바질을 풍성하게 키우려면 새순이 잘 자랄 수 있도록 먼저 나온 잎들을 조금씩 수확해 주고, 가지 사이에 생기는 곁순도 함께 조금씩 정리해야 합니다. 다 자란 잎을 수확하지 않으면 잎과 잎 사이에 통풍이 원활하지 않아 진딧물 등의 벌레가 생길 수 있습니다. 위쪽 생장점인 끝 순을 잘라주면 키가 위로만 자라지 않고 옆으로 가지가 뻗으면서 잎이 더 많이 나와 풍성한 바질로 키울 수 있습니다. 잎을 다듬어줄 때 줄기째로 잘라 일주일 정도 물에 담가두면 줄기에서 뿌리가 나옵니다. 뿌리가 내린 바질 줄기를 화분에 심으면 새로운 바질 모종이 됩니다. 꽃대가 올라오면 잎보다 꽃에 더 많은 에너지를 쓰게 되므로, 꽃대를 잘라주면 잎의 수확량이 줄어드는 것을 예방할 수 있습니다.

병해충 관리

바질은 잎이 무성하게 자라기 때문에 통풍이 잘되는 곳에서 길러야 진딧물이나 응애의 피해를 예방할 수 있습니다. 한 달에 한 번씩 총진싹을 화분 흙 위에 뿌려주고 오래된 잎은 정리해 잎 사이 공간이 너무 막히지 않도록 관리하는 것이 좋습니다. 장마철처럼 습도가 높으면 흙 표면에 곰팡이가 생길 수 있는데, 이때 소독용 알코올을 분무기로 살짝 뿌려주면 곰팡이가 사라집니다.

수확

바질은 본잎이 6장 이상 나오고 잎이 손가락 두 마디 정도 크기가 되면 수확할 수 있습니다. 요리에 필요할 때마다 몇 장씩 수확해도 되고, 바질페스토처럼 많은 양이 필요할 때는 조금 더 기다렸다가 한 번에 넉넉하게 수확할 수도 있습니다. 바질 줄기는 조직이 연하고 수분 함량이 높아 손으로 잎을 뜯으면 절단면이 불규칙하게 찢어질 수 있고, 손상된 조직은 병원균이 침입하기 쉬우므로, 가위를 사용해 깔끔하게 수확하는 것이 안전합니다.

수확 전 바질

수확 중 끝 순 잘라 물꽂이해 뿌리 내린 바질

바질 번식 릴스

한식에 사용되는 영양 성분이 뛰어난 대표 식용식물이 깻잎이라면, 이탈리아에서는 바질이라 할 수 있습니다. 바질은 깻잎보다 아연 1.75배, 망간 2배를 더 많이 함유하고 있으며, 비타민 B군인 니코틴산아마이드 7.6배, 판토텐산 1.75배, 피리독신 1.79배를 함유하고 있습니다.

바질 페스토

본 레시피는 냉장고에 있는 재료로 만든, 전통 바질 페스토에서 치즈와 마늘을 제외하고, 견과류를 2배로 만든 바질 페스토입니다.

[재료] 바질잎 65g(약 130~150장), 아몬드 30알, 잣 130알, 올리브오일 70mL
　　　(약 4큰술), 소금 3g(1/2 작은술)

[만드는 방법]

1. 바질 잎을 흐르는 물에 깨끗이 씻은 후 물기를 제거합니다.
2. 아몬드와 잣은 오븐(에어프라이어) 170℃에서 2분간 구워 식힙니다.
3. 믹서기에 바질잎, 잣, 아몬드, 올리브오일 순으로 넣어 갈아줍니다.
4. 소금을 넣어 섞은 후 용기에 담습니다.

세척한 바질 잎과 구운 아몬드, 잣

믹서기에 넣은 바질 페스토 재료

올리브오일을 넣는 모습

완성된 바질 페스토

바질페스토의 정식 명칭은 '페스토 제노베제(Pesto Genovese)' 또는 '페스토 알라 제노베제(Pesto alla Genovese)'로, 이탈리아 제노바 지역에서 유래한 전통 레시피인 '제노바 스타일의 페스토'라는 뜻입니다. 전통 페스토 제노베제의 재료는 바질 잎 65g, 잣 30g, 마늘 1쪽, 올리브오일 65㎖, 파르미지아노 레지아노 30g, 소금 약간입니다.

바질 김치(겉절이)

본 레시피는 가정에서 키우는 바질 1~2 줄기에서 수확하여 양념을 살짝 묻혀 바로 먹을 수 있도록 만든, 바질 향을 살린 가벼운 겉절이입니다. 집에서 키워 수확한 바질이 50g 정도밖에 되지 않아 양념 비율을 조정하고, 집에 있는 재료만으로 응용 바질 김치를 만들었습니다. 바질 김치는 흰쌀밥에 올려 먹어도 좋고, 짜파게티나 삼겹살 구이에 곁들이면 특히 잘 어울립니다.

[재료] 바질 50g(약 100~120장), 다진 마늘 2g(1/2작은술), 통깨 3g(1작은
술), 액젓 12㎖(2.5작은술), 설탕 3g(1/2작은술), 고춧가루 4g(1/2큰술)

[만드는 방법]

1. 바질 50g을 흐르는 물에 씻은 후 물기를 제거합니다.

2. 믹싱볼에 바질을 담고 다진 마늘, 액젓, 설탕, 고춧가루를 넣어 살살 버무린 후 통
   깨를 뿌립니다.

바질 세척

바질 김치 버무리기 전

완성된 바질 김치

참고 방송에서 소개되어 유행한 '바질 김치'의 원본 레시피

[재료] 바질 100g, 꽃게 액젓 1큰술, 맛간장 1/4큰술, 흑설탕 1/4큰술, 고춧가루 1큰
술, 배즙 2.5큰술, 다진 마늘 1/3큰술, 쪽파 1뿌리

바질은 한식보다 양식에서 자주 사용하는 허브로, 익히면 향과 풍미가 약해지므로 생으로 먹는 것이 가장 좋습니다. K-푸드의 대표 음식인 김밥에 시금치 대신 바질을 풍성하게 넣으면 그 풍미가 일품입니다. 바질 페스토를 만들어 두면 샐러드드레싱이나 파스타 소스로 다양하게 활용할 수 있습니다. 생바질 잎이 없을 때는 바질 페스토를 섞어 '바질 밥'을 만들고 속 재료를 넣어 바질 김밥으로 즐길 수도 있습니다.

일상에서는 냉동 피자를 구운 후 생바질 잎을 듬뿍 올리면 간편하게 고급스러운 피자를 즐길 수 있습니다. 파스타 위에 장식으로 올리거나, 샌드위치나 샐러드 재료로도 활용할 수 있습니다. 붉은 토마토 파스타 위에 바질잎 한두 장을 올리면 화사함이 더해져 화룡점정이 됩니다. 토마토와 모차렐라 치즈를 번갈아 올린 카프레제 샐러드 사이사이에 생바질 잎을 더하면 색감과 풍미가 한층 살아납니다.

카프레제 샐러드에 올린 바질

발사믹 소스를 뿌린 카프레제 샐러드

바질로 장식한 해산물 파스타

토마토 파스타 위 화룡점정, 바질

새싹 밀

새싹 밀(밀싹)은 최근 건강식품으로 주목받고 있습니다. 서양에서는 1930년대부터 밀싹에 관한 연구와 활용이 시작되었으며, 한국에서는 『동의보감』 탕액편에 '소맥묘'라는 이름으로 밀의 줄기와 잎에 대한 기록이 있습니다.

새싹(어린 식물)들은 종자의 생애주기에서 다른 시기에 비해 아미노산, 비타민, 미네랄 등의 물질이 완전히 성장한 식물보다 높은 농도로 존재합니다. 메밀싹은 아삭아삭 씹히는 식감이 좋고 비린 맛이 없어 비빔밥, 샐러드, 착즙 등 다양한 요리에 활용하기 좋습니다. 가정에서 재배하는 경우 각종 화학 비료나 농약 사용 우려가 없고, 수확 직후 바로 섭취하여 영양 손실을 최소화할 수 있습니다.

시중에 판매되는 일반 씨앗은 발아 과정에서 발병할 수 있는 병원균을 방제하기 위해 살균제나 종자 소독제로 씨앗 표면이 코팅되어 있으며, 초록색이나 분홍색 등으로 코팅되어 있습니다. 새싹 채소를 키우기 위해서는 종자 포장 전면에 '새싹 재배 전용' 표기가 있는지, 그리고 종자 소독 여부를 확인해야 합니다. 살균 소독된 종자에서 나온 새싹에는 소독제 성분이 잔류할 수 있으므로, 반드시 새싹 전용으로 판매되는 무소독 종자를 사용해야 합니다.

새싹 키우기 준비

새싹 채소를 키우는 방법은 콩나물처럼 채반이나 거즈에 받쳐 물을 주며 키우는 방법과 새싹 전용 화분에 흙을 넣어 키우는 방법이 있습니다. 흙 없이 재배할 때는 재배 용기 위에 키친타월이나 거즈를 깔고 분무기 등으로 물을 뿌려가며 재배합니다. 물로만 키우는 수경 재배보다 상토에서 키우는 방법이 매일 두 번씩 물을 갈아주는 번거로움이 없어 편리합니다.

균일한 새싹의 생산을 위해서는 일정 시간 씨앗을 물에 담가두는 '침지' 과정이 효과적입니다. 25℃ 물에 3시간 정도 침지하는 것은 침지하지 않는 경우와 차이가 없고, 5~10시간 침지 시 발아 소요 시간이 단축되며, 15시간 이상 침지하면 발아율이 크게 떨어집니다. 따라서 종자를 재배 용기에 심기 전에는 25℃ 물에 5~10시간 정도 침지시키는 것이 좋습니다.

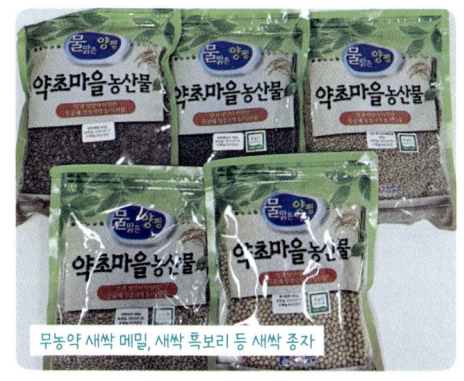
무농약 새싹 메밀, 새싹 흑보리 등 새싹 종자

침지시킨 씨앗들

　　새싹 전용 재배 용기는 여러 개의 화분이 하나의 용기를 구성하는 형태입니다. 제가 구매한 재배 용기는 5개의 작은 화분으로 구성되어 있습니다. 각각의 작은 화분에 상토를 담고 물을 뿌려 흙을 충분히 적셔줍니다. 젖은 상토 위에 침지했던 밀, 귀리, 흑보리, 메밀, 보리 종자를 골고루 퍼놓은 후 상토로 가볍게 덮어줍니다. 상토를 덮은 후에는 분무기로 흙이 충분히 젖을 때까지 물을 뿌립니다. 발아 전까지는 겉흙이 마르지 않도록 분무기로 물을 줍니다. 새싹이 발아하는 적정 온도는 25~30℃이며, 생육에 적합한 온도는 20℃ 수준입니다.

　　새싹 재배 용기가 없을 때는 일회용 플라스틱 용기를 사용해도 됩니다. 플라스틱 용기 바닥에 작은 배수 구멍을 내고 상토를 담아, 새싹 전용 재배 용기에 심는 것과 같은 방법으로 재배할 수 있습니다. 아침에 밀싹을 확인하면 잎끝에 물방울이 맺혀 있는 것을 볼 수 있는데, 이는 일출액(Guttation) 현상으로 밀싹에 수분 공급이 적절하게 이루어지고 있다는 신호입니다.

화분에 담긴 흑보리, 보리, 귀리, 메밀, 통밀

흙을 덮어준 새싹 화분

　　일출액이란 '넘쳐 나오는 액체'라는 뜻으로, 식물이 뿌리를 통해 흡수한 수분이 잎의 기공이 닫혀 있는 밤부터 이른 아침 사이에 증산 작용으로 배출되지 못하고, 잎 가장자리나 끝에 있는 배수 조직을 통해 액체 상태로 배출되는 현상입니다.

플라스틱 용기에 발아시킨 통밀과 무순

파종 9일 차 무순

밀싹 끝에 물방울

병해충 관리

농가에서 새싹 채소를 상품으로 재배할 때, 새싹 채소는 종자 침지부터 수확 후 소비까지 약 일주일 정도 소요되므로 종자의 미생물 오염 관리가 매우 중요합니다. 기존에는 차아염소산나트륨, 오존수, 염소수, 전해수 같은 화학적 소독제를 사용했지만, 효과가 일정하지 않고 냄새가 나는 단점이 있었습니다. 2011년 6월 농촌진흥청은 새싹 채소 종자를 60℃의 물에 15분간 담가두는 방법을 개발하여 공개하였습니다. 이 방법은 기존의 화학적 소독 처리와 비슷한 효과를 내면서도, 종자 발아에도 거의 영향을 주지 않습니다. 가정에서 재배 시에도 동일한 방법으로 종자의 미생물 오염을 안전하게 관리할 수 있습니다.

수확

파종 7일 차가 되면 새싹이 섭취할 수 있는 크기로 자랍니다. 보통 10cm 정도 자라면 수확하여 섭취할 수 있습니다. 이때 뿌리는 남겨두고 수확한 후 물을 계속 주면 5~6일 후 다시 수확할 수 있습니다. 수확 시 뿌리 가까이 자르는 것보다 전체 길이의 중간 이상에서 자르면 생장점이 보존되어 여러 번 수확할 수 있습니다. 새싹 밀과 새싹 귀리는 3~4회 정도 수확 후에는 질겨지고 영양 성분이 감소합니다. 마지막 수확 시에는 뿌리째 뽑아 사용 후 정리합니다.

파종 7일 차 새싹 귀리

파종 7일 차 새싹 흑보리

파종 7일 차 새싹 통밀

파종 7일 차 새싹 메밀

파종 7일 차 새싹 보리

수확 2일 후 새싹 모습

파종 7일차 수확한 새싹들: 통밀, 귀리, 메밀, 흑보리, 보리

수확 4일 후 자란 모습

K-푸드 레시피

새싹 보리(밀, 귀리) 비빔밥

새싹류는 익히지 않고 생으로 섭취하므로, 고유의 식감과 영양 성분을 온전히 즐길 수 있습니다. 곡물 새싹의 부드러운 단맛과 열무김치의 산미가 조화를 이루어, 가정에서도 간단하게 K-푸드 스타일의 건강식을 완성할 수 있습니다.

[재료] 새싹 보리, 새싹 밀, 새싹 귀리, 새싹 메밀, 새싹 흑보리, 열무김치, 통깨 약간
[양념] 고추장 10g, 참기름 10㎖
[만드는 방법]
1. 넓은 대접에 따뜻한 밥을 1인분 담습니다.
2. 새싹 보리, 새싹 밀, 새싹 귀리, 새싹 메밀, 새싹 흑보리를 반으로 잘라 밥 위에 올립니다.
3. 열무 김치를 두 젓가락 분량 올립니다(열무 김치가 없으면 배추김치를 잘게 썰어 넣어도 좋습니다).
4. 고추장 10g(1/2큰술)을 넣고 참기름을 두른 뒤, 통깨를 뿌려 가볍게 비벼 완성합니다.

5종의 새싹 채소 위에 열무김치와 고추장을 올린 비빔밥

새싹 삼

2018년 농촌진흥청에서는 인삼 산업 활성화를 위해, 가정에서 뿌리 · 잎 · 줄기를 모두 식용으로 활용할 수 있는 새싹 삼 재배 방법을 공개했습니다. 농촌진흥청 국립원예특작과학원 자료에 따르면, 정식 후 4주간 재배한 새싹 삼의 진세노사이드 함량(건중량 기준)은 잎이 뿌리보다 약 2.8배 높은 수치를 보였습니다.

새싹 삼은 1년생 묘삼을 옮겨 심어 2~4주간 재배하고, 뿌리·잎·줄기를 함께 식용합니다. 인삼은 서늘하고 건조한 기후를 선호하는 저온성 작물로, 새싹 삼의 적정 생육 온도는 20℃ 내외이고, 30℃ 이상이 되면 생장이 멈추고 고온 피해가 발생할 수 있습니다.

화분 정식

　묘삼은 흙에 심기 전, 냉장고에서(약 4℃) 3~4일 정도 보관한 후 심어야 합니다. 냉장 보관을 하지 않으면 싹이 자라면서 뿌리가 갈라질 수 있습니다. 묘삼은 1년근과 2년근의 크기 차이가 있으므로, 화분에 3~5cm 간격으로 조절하여 자리를 배치 후 묘삼의 싹이 자라는 머리 부분(뇌두)이 흙 위로 살짝 보이도록 비스듬하게 사선(70~80도)으로 심어줍니다. 이 방식은 뿌리가 자연스럽게 아래 방향으로 뻗어 내리고, 새싹이 상부로 곧게 자라면서 안정적으로 활착(옮겨 심거나 접목한 식물(나무)이 살아 붙음)하도록 하는 정식 방법입니다.

2년근 묘삼

왼쪽 2년근 묘삼, 오른쪽 1년근 묘삼

심는 방향과 자리 배치

파종 11일 차 꽃대가 생김

수확

새싹 삼의 연한 잎을 먹으려면 심은 지 2주 정도에 수확하면 됩니다. 뿌리까지 충분히 키워 먹으려면 3~4개월 정도 키워서 수확합니다. 다만, 3~4개월 이상 키운 묘삼의 잎과 줄기는 질겨지므로 쌈으로 먹기보다는 주스 등으로 갈아 섭취하는 것이 좋습니다.

2011년 식품의약품안전처에서 기존에 식용으로 허가되지 않았던 인삼의 줄기의 식품 사용을 정식으로 허가했습니다. 현재 인삼의 뿌리, 줄기, 잎, 열매, 씨앗은 식품에 사용할 수 있으나 '인삼꽃'은 안전성이 입증되지 않아 식품 원료로 사용할 수 없습니다. 식약처에 따르면 인삼꽃이나 뇌두를 지속적으로 과다 섭취할 경우 설사, 구토 등의 부작용이 발생할 수 있어 식품 원료로 허가하지 않은 상태입니다.

새싹 삼 줄기 끝에 생긴 꽃대

정식 26일 차 인삼 꽃

붉게 물들어가는 인삼 꽃

K-푸드 레시피

묵은지 위에 돼지 수육을 얹고 그 위에 파김치를 얹는 삼합의 조합도 깔끔하지만, 청양고추에 고추냉이나 우메보시 한 점을 함께 올려 새싹 삼과 먹으면 몸보신이 된 것 같은 기분이 듭니다.

새싹 삼 수육 삼합

[재료] 새싹 삼 15g(6뿌리), 돼지고기 수육 200g, 파김치 50g(5줄기), 묵은지 30g(1장), 새우젓 10g(2작은술), 청양고추 1개, 생고추냉이 5g, 우메보시 1개

[만드는 방법]

1. 새싹 삼은 흐르는 물에 깨끗이 씻은 후 물기를 제거합니다.

2. 수육은 3~4mm 두께로 썰어 접시에 가지런히 놓습니다.

3. 묵은지와 파김치는 5cm 길이로 잘라 곁들여 냅니다.

4. 청양고추는 5mm 두께로 썰어 그릇에 담아 냅니다.

5. 묵은지 위에 수육 한 점, 파김치, 그리고 새싹 삼 한 뿌리를 통째로 올려 완성합니다.

돼지 수육과 묵은지, 파김치와 새싹 삼이
올려진 새싹 삼 수육 삼합

새싹 삼 비빔밥

[재료] 밥 한 공기, 상추 5장, 비타민 5장, 새싹 삼 5줄기, 고추장 5g(1작은술), 참기름 10㎖(2작은술)

[만드는 방법]

1. 밥 위에 상추, 깻잎 등 쌈 채소를 먹기 좋게 잘라 넣고 새쌈 삼도 함께 잘라 올립니다.

2. 고추장 5g(1작은술), 참기름 10㎖(2작은술)를 넣고 고루 섞이게 비벼 줍니다.

3. 조미김을 곁들이면 한층 고소하게 즐길 수 있습니다.

새싹 삼을 곁들인 새싹삼 비빔밥

PLUS TIP 새싹 삼 먹는 다양한 방법

새싹 삼을 생으로 즐길 때는 잎부터 줄기, 뿌리 순으로 천천히 음미해 보세요. 우유에 새싹 삼과 꿀을 넣어 주스로 마시거나 샐러드, 무침, 전으로 즐겨도 좋습니다.

쌈채소가 없을 땐 구운 항정살에 새싹 삼 한 줄기를 얹어보세요. 고소함과 향긋함이 어우러져 한 입만으로도 근사해집니다.

곡물 새싹은 고기와 곁들이는 쌈밥으로 활용하면 좋습니다. 새싹 속 식이섬유는 지방 흡수를 억제하고 배출을 돕는 역할을 합니다. 또한 플라보노이드 등 생리활성 물질은 산화 스트레스 감소에 기여하므로, 다양한 기능성 성분을 한 번에 섭취할 수 있는 영양 측면에서 매우 유익한 식사 형태입니다.

새싹 삼과 새싹 보리, 새싹 밀, 새싹 귀리
그리고 비타민과 상추가 함께 어우러진 한국 밥상

적겨자

'와인빛 잎채소'라 불리며 한 장에 1,000원을 호가하기도 하는 명품 채소인 적겨자잎은 맵고 쓰고 고소한 맛을 고루 가지고 있습니다. 청겨자잎보다 잎이 얇고 붉은색이 매우 진한 것이 특징입니다.

적겨자의 파종 적기는 봄에는 3월 하순에서 4월 중순, 가을에는 8월 하순부터 9월 하순입니다. 수확 적기는 봄 파종 시에는 5월 상순부터 6월 상순까지, 가을 파종 시에는 10월 상순부터 11월 하순까지입니다.

적정 발아온도는 15~20℃이며, 서늘한 기후에서 잘 자랍니다.

씨앗 심기(파종)

물 파종

적겨자 씨앗이 물 파종 7일 차에 초록색 떡잎을 보여줍니다.

흙 파종

흩어뿌림 방식으로 흙 파종 3일 차에 아주 작은 떡잎이 나오고, 파종 8일 차에는 웃자람이 심해졌습니다.

화분 정식

대형 화분에 비타민, 청경채, 적겨자 세 종류의 모종을 정식했습니다.

구입한 청경채, 비타민, 적겨자 모종

대형 화분에 정식한 적겨자, 청경채, 비타민 모종

화분에 정식한 적겨자(파종 21일 차)

파종 7일 차에 떡잎이 완전히 펼쳐진 적겨자 5포기를 대형 화분 테두리를 따라 심었습니다.

분갈이

대형 화분에 정식한 모종들이 성장해 식물 간 공간이 좁아져, 뿌리가 충분히 발달할 수 있도록 한 화분에 두 포기씩 대각선으로 배치해 분갈이 합니다.

분갈이 전 밀식 상태인 청경채, 비타민, 적겨자

한 화분에 두 포기씩 분갈이 한 적겨자

성장기 관리

물 주기

겉흙이 마르지 않도록 일정한 습도를 유지해 줍니다.

흙과 화분

적겨자는 작은 화분에 두 포기를 심은 상태에서도 일교차가 큰 환경을 잘 견디며 강인하게 자랍니다.

영양(비료, 거름)

적겨자는 배춧과 식물로 양분을 많이 필요로 합니다. 화분에 심을 때 밑거름을 주고, 한 달에 한 번은 분변토로 웃거름을 주는 것이 좋습니다. 주 2회 물을 줄 때 액비를 희석해 공급하면 건강한 적겨자를 키울 수 있습니다.

영양 상태가 좋고 빛을 충분히 받으면 작은 화분에서도 적겨자잎은 계속해서 성장합니다. 붉은색을 내는 것은 안토시아닌이 강한 자외선으로부터 잎을 보호하는 역할을 하므로, 햇빛을 많이 받을수록 더 많이 합성되어 색이 진해집니다. 안토시아닌은 항산화 물질로, 세포 손상을 줄이고 산화 스트레스를 완화하는 데 관여하는 것으로 알려져 있습니다.

파종한 지 3개월 차인 11월, 적겨자 잎에 붉은색이 감돌기 시작하더니, 12월 배추를 수확하던 시기에도 유독 혼자 싱싱하게 자라며 자줏빛이 짙어졌습니다. 1월 말의 적겨자잎은 진한 와인빛을 띠며 색이 짙고 건강해 보이며, 잎에서 광택마저 납니다. 적겨자는 저온 환경에서 안토시아닌 합성이 촉진되어 겨울철에 오히려 색이 더 선명해지는 특성이 있습니다.

11월 붉은색이 생긴 적겨자

12월 색이 짙어진 적겨자

1월 와인빛의 광택이 나는 적겨자

병해충 관리와 솎아주기

해충 예방을 위해 밑거름과 함께 '총진싹'을 섞어 주고, 매달 한 번씩 웃거름과 함께 '총진싹'을 추가로 뿌려 줍니다.

다 자란 잎을 수확하며 시든 잎까지 정리

잎 사이의 공간 확보로 통풍이 좋아진 화분

수확

적겨자 잎이 손바닥 정도 크기로 자라 화분의 공간이 비좁아지면, 바깥쪽 잎부터 뒤로 꺾어 수확합니다. 수확 시 안쪽에서 새로 나오는 어린 잎들은 최소 3~4장 이상 남겨 두어야 계속해서 잎이 자라고 안정적으로 자랍니다.

루꼴라

루꼴라는 3월~5월과 9월~10월이 봄·가을 파종에 알맞으며 발아 적정 온도는 6~25℃입니다. 실내 재배 시 연중 재배가 가능하고 햇빛이 잘 드는 곳이 좋습니다. 노지 재배를 기준으로 한여름과 한겨울을 제외하고 발아 후 20~30일 정도에 수확할 수 있습니다. 실내에서는 노지 대비 1.5~2배의 시간이 더 필요합니다.

씨앗 심기(파종)

흙 파종

화분에 흩어뿌림으로 파종하니, 파종 3일 차에 하트 모양의 루꼴라 싹이 올라왔습니다.

화분에 흩어뿌림으로 파종한 루꼴라

파종 3일 차 루꼴라 떡잎

화분 정식

흩어뿌림으로 파종해 루꼴라 새싹들이 밀식 상태가 되면 솎아 내기를 합니다. 솎아 낸 루꼴라 모종은 버리지 않고 다른 화분에 이식해 줍니다.

흩어뿌림 파종으로 밀식 재배되는 루꼴라

파종 31일 차에 큰 화분으로 정식한 루꼴라

성장기 관리

물주기

루꼴라는 건조한 봄·가을에는 이틀에 한 번, 비가 많이 오고 습도가 높은 계절에는 3일에 한 번 물주기를 합니다.

솎아주기와 분갈이

한 화분에 루꼴라를 여러 포기 심었을 때는 중간중간 잎을 수확하는 것으로 솎아주기 효과가 있습니다. 무성한 잎이 서로 겹치거나, 잎과 잎 사이의 공간이 좁아지면 통풍이 나빠져 새잎들도 잘 자라지 못합니다.

파종 17일 차에 떡잎 사이에서 본잎이 하나씩 나오기 시작합니다. 파종 42일 차에는 웃자란 루꼴라 어린싹을 솎아주고, 모종 간격을 넓혀 배치한 뒤 복토합니다. 솎아 낸 루꼴라 모종은 작은 화분에 대각선으로 이식하되, 떡잎 바로 아래까지 깊이 심습니다.

파종 17일 차 루꼴라

작은 화분에 대각선으로 2~3개 이식한 루꼴라

영양(비료, 거름)

파종 42일 차가 되면서 기온이 올라 루꼴라의 성장이 빨라집니다. 액체 비료를 희석해 일주일에 한 번씩 물주기를 하고, 한 달에 한 번은 지렁이 분변토를 루꼴라 사이사이에 웃거름으로 줍니다.

파종 35일 차 루꼴라(겨울 파종)

파종 42일 차 루꼴라

수확

루꼴라잎의 크기가 손가락만 해지면 겉잎부터 한 장씩 수확합니다. 잎이 너무 커지고 오래 자라면 쓴맛이 강해지므로, 어린잎의 향긋함과 고소함을 즐기려면 부지런히 수확해야 합니다. 잎을 수확한 후에는 작은 새잎들이 빠르게 자랍니다. 이때 액비를 희석해 물을 주면, 하루가 다르게 자랍니다. 파종 92일 차에 아직 줄기가 약한 루꼴라는 가위로 깔끔하게 잘라 수확합니다.

파종 92일 차 수확 전 루꼴라

가위로 수확 중인 루꼴라

수확을 마친 루꼴라

루꼴라 수확 릴스

겨울에 파종한 경우, 파종 56일 차에는 봄이라 본잎이 많이 나오며 크고 무성해집니다. 다 자란 잎은 제때 수확해 제거해야 통풍이 원활해지고 새순이 빠르게 자랄 수 있습니다. 손으로 수확할 때는 가장 바깥쪽 잎부터 아래쪽으로 꺾어 냅니다.

파종 56일 차 잎이 무성해진 루꼴라

중간 수확을 통해 통풍이 좋아지는 루꼴라 화분

Tip 수확한 루꼴라 보관 방법

지퍼백 안에 키친타월을 넣은 후 루꼴라를 보관하는 모습

두 달 이상 기다려 수확한 루꼴라잎을 바로 소비하기 어렵다면, 세척 후 물기를 제거한 다음 지퍼백에 키친타월을 깔고 그 안에 넣어 보관하면 신선도를 오래 유지할 수 있습니다.

K-푸드 레시피

　루꼴라를 활용한 K-푸드 스타일 메뉴입니다. 한식에서는 루꼴라를 활용한 메뉴가 많지 않지만, 다이어트가 일상이 된 21세기에는 루꼴라를 활용한 저칼로리 메뉴도 K-푸드의 일종이라 할 수 있습니다. 다이어트는 해야 하는데 기름진 음식이 당길 때, 냉장고 속 재료로 만드는 저칼로리 메뉴입니다.

떠먹는 루꼴라 피자

[재료] 느타리버섯 한 줌, 채 썬 양배추 한 접시, 방울토마토 7개, 루꼴라 30장, 날
달걀 2개, 양파 1/4개, 비엔나소시지 2알, 모차렐라 치즈 1/2봉지, 스리라차
소스, 발사믹 소스

[마리네이드 드레싱] 다진 양파 1/2개, 올리브오일 30㎖(2큰숟), 매실액 30㎖(2큰
숟), 레몬즙 30㎖(2큰숟), 소금 2g(1/3작은숟)

[만드는 방법]

1. 느타리버섯, 방울토마토 등 모든 재료를 세척 후 물기를 제거합니다.

2. 오븐 전용 오목한 그릇에 유산지(혹은 종이 호일)를 깔아줍니다.

3. 느타리버섯은 가닥가닥 분리하고, 방울토마토와 양파는 비슷한 크기로 자릅니다.

4. 소시지는 동그란 모양이 나오도록 6등분 합니다.

5. 유산지 위에 느타리버섯, 양파, 루꼴라, 방울토마토, 소시지 순서로 잘 펴서 올립
니다.

6. 재료 위에 날달걀 2개를 깨서 넣고, 그 위에 모차렐라 치즈를 올려줍니다.

7. 모든 재료를 200℃로 예열된 오븐에서 15분 동안 구워냅니다.

8. 기호에 따라 스리라차 소스나 발사믹 소스를 뿌립니다.

오븐에 넣기 전 재료를 담은 모습

오븐에서 나온 도우 없는 피자 모습

루꼴라 김밥

[재료] 김밥용 김 1장, 멸치고추볶음, 밥 한 공기, 계란 3알, 루꼴라, 참기름 한 큰술(올리브 오일로 대체가능)

[만드는 방법]

1. 밥 한 공기에 참기름 한 큰술, 소금 한 꼬집을 넣고 잘 섞어줍니다.
2. 김밥용 김을 깔고 그 위에 양념한 밥을 얇게 펴줍니다.
3. 밥 위에 멸치고추볶음을 고르게 펴줍니다.
4. 멸치고추볶음이 보이지 않게 루꼴라를 듬뿍 올립니다.
5. 루꼴라 위에 계란말이를 올린 후 김밥을 말아줍니다.
6. 김밥 위에 참기름을 바르고 먹기 좋은 크기로 잘라냅니다.

Tip 루꼴라잎이 많이 들어가 간이 싱거워질 수 있으므로 멸치고추 볶음이나 밥의 간을 조금 세게 해주면 루꼴라의 고소한 풍미를 더욱 잘 느낄 수 있습니다.

계란말이

밥 위에 올린 멸치고추볶음

루꼴라 김밥 릴스

루꼴라를 올린 모습

완성된 루꼴라 김밥

루꼴라 & 당근 파니니

최근 당근 라페와 양배추 라페는 한국 여성들 사이에서 즐겨 찾는 메뉴로 밖에서 사 먹기도 하고, 집에서 직접 만들어 먹기도 합니다. 각자의 기호에 따라 재료를 가감하며 즐기는 음식이 되었습니다.

당근 라페를 만들 때, 씨 겨자를 넣지 않으면 잡채나 불고기, 김밥 등 한식 재료로도 두루 활용할 수 있습니다. 고물가 시대에 브런치로 루꼴라 파니니에 커피 한 잔만 곁들이면 2만 원이 훌쩍 넘어갑니다. 당근 라페와 루꼴라만 있다면 집에서도 훌륭한 파니니를 만들 수 있습니다.

[만드는 방법]

1. 치아바타를 반으로 갈라 한쪽에 버터를 살짝 발라 3분간 오븐에 구워냅니다(프라이팬에 구워도 됩니다).
2. 구운 치아바타의 한쪽에는 당근 라페를, 다른 한쪽에는 모짜렐라 치즈를 듬뿍 올려 오븐에(200℃) 5분 굽습니다.
3. 치즈가 녹으면 빵을 꺼내 치즈 위에 루꼴라를 얹고 발사믹 소스를 뿌린 후, 빵을 마주 접어 완성합니다.

당근과 치즈를 올려 구워낸 치아바타

루꼴라를 올린 모습

완성된 파니니

치 커 리

치커리의 쌉쌀한 맛을 내는 락투신(Lactucin)과 락투코피크린(Lac-tucopicrin) 성분은 해충의 섭식을 억제하는 효과가 있어 재배 시 병해충 피해가 비교적 적습니다. 한국의 밥상에서는 대부분 쌈 채소나 샐러드로 이용합니다. 파종 시기는 노지 재배를 기준으로 봄에는 2~4월, 가을에는 8~9월이 적기이고, 파종부터 수확까지 약 6~8주가 걸립니다.

씨앗 심기(파종)

펠릿 파종

펠릿에 파종한 치커리는 5일 차에 떡잎이 올라오고, 14일 차에는 본잎이 나왔습니다. 발아 적정 온도는 20~30℃이며, 6~10일 이내에 싹이 나옵니다.

펠릿 파종 5일 차 치커리 새싹

펠릿 파종 14일 차 본잎이 나옴

화분 정식

파종 15일 차에는 톱니 모양의 본잎이 나와 펠릿의 싹을 큰 화분에 정식했습니다.

파종 15일 차 정식 전 펠릿에서 발아한 치커리

파종 15일 차 화분에 정식한 치커리 모종

성장기 관리

물 주기

치커리는 건조에 약해 수분을 일정하게 유지하는 것이 중요합니다.

흙과 화분

물 빠짐이 좋으면서도 건조하지
않게 관리를 해주어야 합니다.

파종 25일 차 톱니바퀴 모양의 치커리 본잎

숙아주기

파종 57일 차에는 잎이 무성해
져 숙아줍니다. 겉잎부터 숙아주며,
속에 있는 새순 몇 장을 남겨 두면
상추처럼 지속적인 수확이 가능합
니다. 단, 꽃대가 올라오면 잎의 생
장이 멈추고 쓴맛이 강해집니다. 치
커리는 6℃ 이하 저온에 1~2주 정
도 주간에 노출되면 꽃눈이 형성되

상추만큼 성장한 치커리 잎

며, 이후 고온과 긴 일조 조건에서 꽃대가 발달하는 특성이 있습니다.

수확

파종 67일 차에는 숙아주며 수확한지 열흘만에 배춧잎처럼 무성하게
자랐습니다. 가을은 서늘한 기온과 적절한 일조량 덕분에 치커리 생육의
최적기인 만큼 성장이 매우 왕성합니다.

치커리 토마토 마리네이드 샐러드

[재료] 치커리 100g, 로메인 50g, 방울토마토 500g, 과카몰레 50g

[마리네이드 드레싱] 다진 양파 1/2개, 올리브오일 30㎖(2큰술), 매실액 30㎖(2큰술), 레몬즙 30㎖(2큰술), 소금 2g(1/3작은술)

[만드는 방법]

1. 치커리와 로메인은 씻어서 물기를 완전히 제거합니다.

2. 방울토마토는 칼집을 낸 뒤, 끓는 물에 살짝 데쳐 껍질을 벗긴 후 1cm 정도 크기로 자르고 준비한 드레싱 재료와 버무려 냉장고에서 30분간 숙성합니다.

3. 접시에 치커리와 로메인을 깔고, 숙성된 토마토 마리네이드를 드레싱 국물과 함께 끼얹습니다. 마지막으로 과카몰레를 곁들여 완성합니다.

치커리 토마토 마리네이드 샐러드와 소금빵 그리고 커피

청경채

청경채는 선명한 연녹색 잎과 아삭하고 두툼한 백색 잎자루를 가진 채소입니다. 청경채는 생육 속도가 비교적 빠르고 저온 적응력도 어느 정도 갖춘 잎채소로, 홈가드닝에 적합합니다. 일반적인 노지 및 가정 재배 기준 파종 적기는 3월 중순에서 5월 초, 8월 하순에서 9월 초, 10월에서 11월입니다. 봄과 가을 파종 시에는 약 2개월 후부터 수확이 가능하고, 기온이 낮은 겨울 파종 시에는 생육 속도가 늦어져 약 3~4개월 정도 걸립니다. 청경채의 최적 생육 온도는 15~25℃이며, 이 범위에서 잎의 생장이 안정적으로 이루어집니다.

씨앗 심기(파종)

청경채의 경우 씨앗 파종 대신, 수확 후 식물체에 생장점을 이용한 재생 재배를 시도합니다.

물꽂이를 통한 재생(Regrowth)

청경채를 조리하기 전, 생장점이 포함된 밑동을 약 2cm 정도 남기고 잘라 물에 담가두면 재생(Regrowth)이 일어납니다. 잘라낸 밑동을 물꽂이하면 3~4일 사이 중앙의 생장점에서 새잎이 돋아나기 시작하고, 1~2주 정도 지나면 절단면 아래로 뿌리를 내립니다. 이 과정은 씨앗 발아나 번식이 아니라, 수확 후에도 밑동에 남아 있던 생장점이 다시 활성화되면서 동일 개체의 생장이 이어지는 '재생장' 현상입니다.

물에 담긴 겉잎이 물러지거나 부패하는 것을 막기 위해 상한 잎은 즉시 제거해 줍니다. 밑동을 자르지 않고 바깥잎부터 한 장씩 떼어내어 물꽂이하면, 생장점 손상이 적어 재생 속도가 비교적 빠르게 나타납니다.

밑동만 남기고 한 번에 자른 청경채

물꽂이 6일 차 새순이 나온 청경채

바깥잎부터 떼어내고 물꽂이한 청경채

물꽂이 3일 차 창가로 옮긴 청경채

화분 정식

물꽂이 후 화분 정식

물꽂이를 통해 새잎과 뿌리가 자란 청경채는 화분에 심어 재배를 이어갑니다.

모종도 별도로 구매해 대형 화분 중앙에 청경채 두 줄을 나란히 심어주었습니다. 정식 후 이식 스트레스에 늘어져 있던 청경채 모종은 7일 차에 접어들며 새로운 환경에 적응하고 생기를 되찾았습니다. 9일 차부터는 잎의 면적이 눈에 띄게 넓어지기 시작합니다.

왼쪽부터 적겨자, 청경채, 비타민 모종 정식

물 주기

청경채는 고온다습에 약하므로 여름철에는 잎에 물이 닿지 않게 흙 위로만 물을 줍니다.

흙과 화분

해충을 방제하기 위해 토양에 총진싹 3스푼(약 30g/스푼)을 넣어 섞어줍니다.

모종 정식한지 7일 차

정식 9일 차 청경채(중앙 두줄)

영양(비료, 거름)

청경채는 봄과 여름철, 파종부터 수확까지 약 60일 정도 소요되는 속성 작물인 만큼 초기 양분 관리가 중요합니다. 주 2회 액체 비료를 희석한 물을 주고, 고온 건조기에는 칼슘제를 추가로 시비합니다.

분갈이

정식 22일 차, 모종들이 급격히 성장하면서 화분이 비좁아진 탓에 옆에 심었던 비타민채를 다른 곳으로 옮겨 심어 청경채의 생육 공간을 넓혀줍니다. 하루가 다르게 경쟁하듯 커지는 잎들로 인해 공간은 빠르게 비좁아져 일주일 만에 분갈이를 다시 진행했습니다.

분갈이 7일 만에 잎의 성장으로 비좁아진 화분

청경채 5포기와 배추 모종 2포기 분갈이 후 모습

병해충 관리

청경채는 노지 재배 시 진딧물, 배추좀나방 같은 해충이 발생하기 쉽다고 하지만, 베란다에서는 병해충의 걱정 없이 건강하고 튼튼하게 잘 자랍니다.

수확

2주에 한 번씩 분무기로 칼슘제를 물에 희석해 분무기로 옆면 시비해 주면, 잎의 조직이 단단해지고 힘이 생깁니다. 청경채가 배춧과에 속해서인지 오른쪽에 배추 두 포기와 멀리서 보면 구분하기 어려울 정도로 튼튼하게 자랍니다. 모종을 심은지 3.5개월이 지나면 광택이 나는 잎이 수확할 때임을 알려줍니다. 뿌리째 한 번에 수확하지 않고 바깥쪽 잎부터 순차적으로 수확하면 생장점이 보존되어 지속적인 수확이 가능합니다. 수확 후기가 되면 꽃대가 올라와 나비 모양의 노란 청경채 꽃이 피어납니다.

정식 3.5개월 후 청경채

청경채 꽃

청경채는 특유의 아삭한 식감과 담백한 맛 덕분에 한국 요리에서 꾸준히 활용됩니다. 잎줄기가 연하고 수분이 풍부해 가열해도 선명한 초록빛과 아삭한 식감을 유지하며, 샤브샤브·전골 등 국물 요리에 특히 잘 어우러집니다. 아롱사태 전골은 아삭하고 신선한 청경채를 야채 베이스로 하고, 다양한 버섯을 더해, 감칠맛을 더한 보양식입니다.

아롱사태 전골

[재료] 삶은 아롱사태 수육 400g, 기름기를 걷어낸 사태 육수 800㎖, 대파 150g(약 2대), 노랑 알배추 60g(큰 잎 2장), 표고버섯 40g(2개), 생목이버섯 60g(6개), 노루궁뎅이버섯 80g(1/2개), 청경채 120g(약 10장)

[육수 양념] 혼쯔유 30㎖(2큰술), 스키야키 소스 15㎖(1큰술), 미림 15㎖(1큰술)

[소스 양념] 사태 육수 45㎖(3큰술), 고춧가루 1g(1/2작은술), 다진 마늘 2.5g(1/2작은술), 연겨자 3g(1/2작은술)

[만드는 방법]

1. 대파, 알배추, 표고버섯, 목이버섯, 노루궁뎅이버섯, 청경채를 흐르는 물에 깨끗이 세척하고 체에 받쳐 물기를 제거합니다.

2. 대파는 0.5cm 두께로 어슷썰기 합니다. 파의 알리신 성분이 국물에 잘 우러나면서도 씹는 맛을 살리는 두께입니다.

3. 표고버섯은 2mm 두께로 얇게 편 썰기 합니다. 표면적을 넓혀 감칠맛 성분인 구아닐산이 육수에 잘 우러나게 하기 위함입니다.

4. 배춧잎은 2cm 길이로, 생목이버섯은 5등분 썰어주고, 노루궁뎅이버섯은 한입 크기로 결대로 찢어줍니다.

5. 전골 냄비에 손질한 생목이버섯, 알배추, 노루궁뎅이버섯, 대파, 청경채를 종류별로 구획을 나누어 가지런히 한 줄씩 돌려 담습니다.

6. 채소 위에 준비된 아롱사태 수육을 중앙에 보기 좋게 올립니다.

7. 차갑게 식혀 표면에 굳은 지방층을 걷어낸 맑은 사태 육수 800㎖를 붓고 강불로 끓입니다.

8. 육수가 끓어오르면, 육수 양념을 넣고 간을 맞춘 뒤, 중약불에서 5분 간 더 끓여 맛이 어우러지면 완성합니다.

끓고 있는 아롱사태 청경채 전골

아롱사태 전골에 들어가는 야채들

아롱사태 전골과 한 끼 밥상

청경채를 넣은 짬뽕 순두부

[재료] 진짬뽕 1개, 순두부 1봉(약 350~400g), 청경채 100g(10장), 물500ml

[만드는 방법]

1. 냄비에 물 500ml와 액상 수프를 넣고 끓입니다.

2. 국물이 끓어오르면 순두부 1봉을 큼직큼직하게 넣어줍니다.

3. 다시 국물이 팔팔 끓으면 면을 1/2개만 넣습니다.

4. 면이 꼬들꼬들하게 익어갈 때쯤(약 3분 후), 청경채 10장을 넣고 30초간 더 살짝 끓인 뒤 유성 수프를 뿌려 완성합니다.

Tip 청경채에 풍부한 칼륨은 신장에서 나트륨의 배설을 촉진하여 체외로 배출하는 역할을 합니다. 다만 칼륨은 수용성이므로 청경채를 국물에 넣으면 칼륨이 국물로 용출됩니다.

청경채를 넣은 짬뽕 순두부

청경채 차돌박이 라면

[재료] 라면 1봉, 차돌박이 5장(약 50g), 청경채 6장(약 70g), 대파 5cm,
숙주 100g, 청양고추 1개, 물 750ml

[만드는 방법]

1. 냄비에 물 750ml를 넣고 끓어오르면 라면 수프와 차돌박이 5장을 먼저 넣습니다.

2. 국물에 고기 향이 배어나면 면을 넣고 끓입니다.

3. 면이 익어갈 때 청경채, 송송 썬 대파, 숙주, 청양고추를 넣습니다.

4. 1분 간 더 끓여 채소의 숨이 살짝 죽으면 완성입니다.

Tip 물 750㎖는 일반 라면보다 많은 양입니다. 차돌박이에서 지방이 용출되어 국물에 풍미를 더하기 때문에, 국물을 넉넉하게 즐기는 '전골 스타일'입니다. 고기 육수의 진한 풍미를 원할 때 추천합니다.

청경채 차돌박이 라면

얼갈이배추

얼갈이배추는 일반적인 배추처럼 속이 꽉 차지 않고 잎이 벌어진 채로 자랍니다. '얼갈이'라는 이름은 서리가 내리는 겨울에도 재배하여 먹을 수 있는, '얼다'라는 말에서 유래되었다는 설이 있습니다. 실제로 서늘한 기후를 좋아하는 얼갈이배추는 기온이 높아지면 추대(영양생장이 끝나고 꽃줄기가 급격히 신장하는 현상)가 빨라지거나 잎 조직이 쉽게 물러지는 현상이 나타날 수 있어, 한여름 재배 시에는 심는 간격을 넉넉히 확보해야 합니다.

얼갈이배추는 일반 배추에 비해 줄기 비중이 많고 조직이 연해 조리 시 빠르게 익는 장점이 있습니다. 또한 삶아도 숨이 쉽게 죽지 않으며, 자연스러운 단맛이 우러나 국물 요리에 최적입니다. 아삭한 식감과 더불어 신선함이 잘 유지되는 특성 덕분에 겉절이의 재료로도 많이 활용됩니다.

씨앗 심기(파종)

사용한 얼갈이배추 종자는 아시아 종묘의 '마트 엇갈이' 품종으로, 발아율은 70% 수준으로, 15~25℃의 온도에서 가장 활발하게 발아합니다. 파종 시기는 5~6월 초, 8월 초, 10월 초이며, 생육 기간은 파종 시기에 따라 5~6월 파종 시 약 40일, 8~10월 파종 시에는 약 70일이 소요됩니다.

모종 포트 트레이 파종

모종 포트 트레이에서 흙 발아를 시도한 얼갈이배추는 7일 차에 노란 싹이 고개를 내밀더니, 9일 차에는 네잎클로버를 닮은 떡잎이 나옵니다. 떡잎이 출현한 시점부터는 본격적인 자가 영양생장(광합성)을 시작하여, 스스로 유기물을 합성하며 자라납니다.

파종 7일 차에 나온 새싹

파종 9일 차 얼갈이배추 새싹

파종 16일 차 얼갈이배추

화분 정식

화분의 수량이 여유롭지 않아 파종 10일 차에 모종 포트 4개의 홀에 자라던 얼갈이배추 새싹 중, 첫 번째 홀에 가장 세력이 좋고 떡잎이 큰 3

개만 골라 큰 화분에 정식했습니다. 나머지 싹들은 옮겨심지 않고 모종 포트 안에서 그대로 밀식 재배했습니다.

성장기 관리

물 주기

얼갈이배추는 지나치게 건조하거나 과습하면 생육이 불량해져 노지 재배 시 장마철에는 비 가림 시설이 갖춰진 하우스 재배가 권장됩니다. 실내 재배 시에는 2~3일에 한 번씩 겉흙이 마르면 물을 주는데, 기온 상승에 맞춰 물주기 횟수를 늘립니다.

흙과 화분

얼갈이배추는 생육 기간이 짧아, 화분에서 재배할 때는 충분한 밑거름이 필요합니다. 파종 10일 차에 큰 화분으로 옮겨 심은 모종과 모종 포트 홀(구) 안에서 밀식 재배한 모종을 비교해 보니, 한 달이 지나자 그 크기가 두 배 정도 차이가 납니다.

파종 40일 차, 성장 속도가 빨라질수록 화분 크기에 따른 배추의 크기 차이가 극명해집니다("77쪽 배추의 화분 정식" 참고).

파종 40일 차 모종 포트 얼갈이배추

분갈이

거울에 파종해 정식한 뒤 두세 차례 겉잎을 수확했으나, 완연한 봄이 오자 성장에 가속도가 붙으며 다시 분갈이가 필요해집니다. 얼갈이배추 세 포기만 거리를 두어 심습니다. 이때 지렁이 분변토와 총진싹을 섞어 흙의 양분을 보충하고 병해충 예방까지 고려한 최적의 환경을 조성해 줍니다.

파종 79일 차 분갈이 후 얼갈이배추

영양(비료, 거름)

얼갈이배추는 건강한 생육을 위해 한 달에 한 번은 지렁이 분변토로 웃거름(추비)을 주고, 2주에 한 번씩 칼슘과 붕소가 포함된 액체 비료를 희석하여 분무기로 잎 뒷면에 살포하는 엽면 시비를 해줍니다. 칼슘은 세포벽 구성 성분인 펙틴을 안정화하는 데 필수적이며, 붕소는 체내 당의 이동과 칼슘의 흡수를 돕는 중요한 미량 원소입니다. 이 두 원소가 결핍될 경우 배춧과 작물들은 작물 특유의 잎의 끝 마름 현상이 발생할 수 있으므로 꾸준한 관리가 필요합니다.

수확

가정에서 재배하는 얼갈이배추는 한꺼번에 수확하기보다, 요리에 활용하는 상시 수확의 목적으로 키우는 경우가 많습니다. 파종 후 30일 정도가 되면 생장점은 남겨두고 겉잎부터 주기적으로 수확해 줍니다. 먼저 나온 잎을 수확하지 않고 계속 키우면, 잎이 두꺼워지고 전체 부피가 커지면서 통풍이 나빠집니다. 파종 40일이 넘어가면 생장 속도가 한층 빨라져, 한 달 단위로 하던 수확 주기도 자연스럽게 짧아집니다.

K-푸드 레시피

한 통씩 수확하는 대신, 낱장으로 겉잎을 주기적으로 따내는 홈가드닝 방식의 얼갈이배추는 정성껏 수확한 연한 잎으로 구수한 된장국을 끓여 깊은 맛을 내거나, 아삭한 식감이 살아있는 겉절이를 만들어 신선함을 즐기기에 더할 나위 없이 좋습니다.

얼갈이배추 된장국

[재료] 양지 국거리 300g, 다진 마늘 5g(1작은술), 된장 18g(1큰술), 물 500㎖, 얼갈이배추 잎 15장(큰 잎 기준 10장)

[만드는 방법]
1. 국거리용 소고기 300g에 다진 마늘 5g을 넣고 볶아 줍니다.
2. 고기의 표면이 익기 시작하면 된장 18g을 넣고 함께 볶아 줍니다.
3. 물 500㎖를 넣고 15분 끓입니다.
4. 끓는 과정에서 수면 위로 떠오르는 거품(불순물)은 걷어내어 국물 맛을 맑게 합니다.
5. 고기 국물이 충분히 우러나면 3cm 길이로 자른 얼갈이배추를 넣고 10분간 더 끓여 완성합니다.

마늘과 고기를 볶기

볶은 고기에 된장 넣기

자른 얼갈이배추 넣고 끓이기

얼갈이배추 겉절이

[재료] 얼갈이배추 400g

[양념] 고춧가루 30g (4큰술), 멸치액젓 45㎖ (3큰술), 다진 마늘 15g (1큰술),
　　　매실액 45㎖ (3큰술), 깨소금 약간

[만드는 방법]

1. 얼갈이배추의 겉잎을 깨끗이 씻어 물기를 완전히 제거합니다.

2. 고춧가루, 액젓, 매실액, 다진 마늘, 깨소금을 섞어 겉절이 양념을 만듭니다.

3. 배추의 아삭함이 죽지 않도록 먹기 직전에 양념과 함께 가볍게 버무린 후 통깨를
   뿌려 완성합니다.

얼갈이배추 세척

얼갈이배추 양념 준비

완성된 얼갈이배추 겉절이

2장

줄기채소

열 무

여름철 한국의 식탁에서 빠질 수 없는 것이 열무입니다. '입맛을 돋우는'이라는 수식어가 가장 잘 어울리는 채소이기도 합니다. 흔히 '여름 무'의 줄임말로 알고 있지만, 열무라는 이름은 '여린 무'에서 유래했다고 합니다. 열무 국수, 열무 비빔밥, 열무 나물 등 조리법도 무궁무진하지만, 그중에서도 단연 으뜸은 시원하고 아삭한 열무김치입니다.

전통 한의학에서는 '열무가 찬 성질을 가지고 있다'하여, 평소 위장이 약하거나 몸이 냉한 사람은 과다 섭취를 피하라고 합니다. 이러한 성질 덕분에 한때 수험생 엄마들 사이에서 '열을 내려 화병을 가라앉히는 음식'으로 입소문을 타며 유행하기도 했습니다.

씨앗 심기(파종)

열무의 파종 시기는 노지 기준 5월부터 9월까지입니다. 발아 적정 온도는 15~30℃이며, 35℃ 이상의 고온에서는 발아율이 크게 저하됩니다. 파종 후 3~5일이면 싹이 트기 시작하는데, 발아율이 높아 모종 틀이나 펠릿 등을 활용한 별도의 발아 유도 과정 없이도 잘 자라납니다.

열무 재배의 핵심은 밀식 파종에 있습니다. 촘촘하게 심어야 전체적인 수확량이 늘어날 뿐만 아니라, 뿌리의 비대를 늦추어 잎과 줄기가 연하고 부드러운 상태를 오래 유지합니다. 중간중간 솎아내기를 통해 얻는 여리고 순한 열무는 농부만이 맛볼 수 있는 최고의 별미입니다. 갓 수확한 생열무를 넣은 비빔밥이나 풋풋한 열무 무침의 맛을 경험해 보고 싶다면, 열무 파종을 시도해 보세요.

물 파종

플라스틱 용기에 거즈를 깔고 물을 넣어 발아를 시도합니다. 9월의 따뜻한 기온 덕분인지 파종 2일 차부터 싹이 트기 시작하고, 5일 차에는 50% 이상의 종자가 발아했습니다. 높은 온도에 민감한 열무지만, 적정 범위의 기온이 성장에 속도를 더해 줍니다.

물 파종 1일 차

물 파종 2일 차

물 파종 5일 차

열무김치까지 넉넉히 담그고 싶은 욕심에, 새싹 재배 용기 한 칸에 추가로 50개 이상의 종자를 더 발아시켰습니다. 열무는 성장 과정에서 수시로 솎아내어 수확하는 작물이므로, 처음부터 모자라지 않게 넉넉히 파종하여 밀식 재배하는 방식도 홈가드닝의 묘미입니다.

흙 파종

한여름 화분에 열무 씨앗을 줄뿌림(한 줄로 씨앗의 간격을 1~1.5cm로 얕게 심기)한 결과, 5일 차부터 새싹이 듬성듬성 올라오기 시작하더니 파종 10일 차에는 그 수가 3배 가량 늘어 화분을 가득 채웠습니다.

흙 파종 1일 차 · 흙 파종 5일 차 · 흙 파종 10일 차 · 흙 파종 20일 차

화분 정식

물 파종 5일 차 새싹을 화분에 떡잎이 살짝 보일 정도로 심어줍니다.

성장기 관리

물 주기

열무는 물을 좋아하는 식물로 토양의 습도를 일정하게 유지해 주는 것이 생육의 핵심입니다.

흙과 화분

화분 크기는 열무를 수확하는 시점에 20~25cm 이상이 되므로, 열무의 무게를 버틸 수 있는 직각 형태의 긴 화분을 추천합니다. 입구가 둥근 화분은 입구 크기에 비례해 깊이가 깊어지는 단점이 있어 불필요한 흙을 사용해야 하고, 흙이 많으면 통풍에 약해 곰팡이 등이 번식할 우려가 커집니다.

솎아내기 & 복토

정식 후 2일 차(파종 7일 차)에 접어들면 열무는 눈에 띄게 자라며, 4일 차에는 떡잎이 통통해집니다. 다만 초기 성장이 빠른 만큼 줄기가 가늘어지는 '웃자람' 현상이 나타날 수 있는데, 이때 떡잎 아래까지 흙을 충분히 돋워주는 복토를 해주어 안정적으로 자리를 잡도록 도와줍니다.

파종 7일 차 정식 2일 차 열무

파종 9일 차/ 정식 4일 차 열무

파종 24일 차에 접어들자, 화분 한가득 본잎이 성장해서 화분의 흙이 보이지 않습니다. 1차 솎아주기하면서, 잎들 사이에서 자라지 못한 약한 열무는 뽑아냅니다. 솎아내고 생긴 빈 공간에는 다시 흙을 채워주고, 성장에 박차를 가할 수 있도록 웃거름을 줍니다.

파종 37일 차가 되면 열무잎이 손바닥만 하게 자라지만 연녹색의 여린 잎입니다. 이때 진행하는 2차 솎아내기는 식탁을 풍성하게 만들어 줍니다. 솎아낸 열무로 '생열무 비빔밥'을 해 먹기 좋은 타이밍입니다.

이후 성장을 지속하여 파종 74일 차 무렵이면 드디어 본격적인 수확의 적기를 맞이합니다.

파종 24일 차 솎아내기&복토

파종 37일 차 솎아내기&복토

파종 74일 차

수확

열무는 수확할 때 밑동을 잡고 뿌리째 뽑아서 수확합니다. 집에서 키워 여리여리하지만, 열무는 커갈수록 질겨져 여리고 어린 열무가 최상품입니다.

열무 수확 릴스

봄에서 가을 사이에는 노지를 기준으로 45일 정도, 한여름에는 30일 정도가 수확 적기입니다. 실내에서 재배 시에는 보름에서 한 달 정도 수확 기간이 길어질 수 있습니다.

뿌리째 수확한 열무 · 잔뿌리들이 긴 열무 · 수확 후 세척 전 열무

K-푸드 레시피

마트나 시장에서 파는 열무는 1단에 1.8kg~2kg 정도 됩니다. 집에서 키우는 열무는 판매용처럼 많이 수확하기 어려우니 양념의 비율을 열무의 양에 맞춰 양념합니다. 판매용 열무보다 연하고 부드러워 절이는 시간과 소금이나 간이 되는 양념의 양을 줄이는 것이 좋습니다.

어린 열무라 고춧가루를 사용하지 않고 홍고추로만 색과 맛을 내고, 양념은 샐러드드레싱처럼 묻혀 준다는 느낌으로 버무려줍니다. 열무는 수분을 많이 함유하고 있어, 열무김치를 밀폐 용기에 담아 숙성하면 국물의 양이 점차 증가합니다.

열무 김치

[재료] 열무 400g, 얼갈이배추 400g, 굵은 소금 20g(2큰술, 절임용), 물 1.2ℓ

[양념] 물 500g, 홍고추 10개, 마늘 45g, 새우젓(육젓) 16g(1큰술), 멸치액젓 30㎖
(2큰술), 양파 60g(1/2개), 사과 60g(1/2개), 매실액 30㎖(2큰술)

[찹쌀풀] 물 200㎖ + 찹쌀가루 8g (완성 풀 중 50g 사용)

[만드는 방법]

1. 수확한 열무를 깨끗이 씻어 6~8cm로 자른 후 굵은 소금 2스푼과 물 500㎖를 넣
고 20분 절입니다.

2. 물 200g에 찹쌀가루를 풀어 살짝 끓여 찹쌀풀을 만듭니다.

3. 절인 열무를 세척 후 물기를 제거합니다.

4. 물 500㎖, 홍고추, 마늘, 새우젓(육젓), 멸치액젓, 매실액, 찹쌀풀 50g을 믹서기
에 갈아줍니다.

5. 열무에 양념의 1/2을 넣고 살살 버무려주고, 나머지의 1/2은 간을 보며 추가합니다.

6. 밀폐 용기에 담아 실온에 하루 숙성 후 냉장 보관합니다.

세척한 열무 김치 재료들

모든 양념 재료를 간 양념

20분 절인 얼갈이배추와 열무

양념의 반만 버무린 상태

양념을 다 넣고 하루 숙성된 열무 김치

5일 차 국물이 차오름

열무(김치) 비빔밥

[재료] 밥 한공기, 열무 김치 200g, 고추장 5g(1작은술), 참기름, 계란

[만드는 방법]

1. 밥 위에 열무 김치, 고추장을 넣은 후 참기름을 두르고 비벼줍니다.

2. 조미김으로 싸 먹으면 감칠맛이 더해지고, 상추쌈을 싸서 먹으면 더욱 상큼하게 먹을 수 있습니다.

3. 달걀 프라이를 넣어 먹으면 약간의 텁텁함이 있을 수 있지만, 열무 비빔밥에 부족한 단백질을 섭취할 수 있어 균형 잡힌 한 끼 식사를 할 수 있습니다.

4. 열무를 가정에서 재배 시 솎아내기를 한 생 어린 열무를 열무 김치 대신 넣어도 좋습니다.

밥 위에 재료를 얹은 모습

완성된 열무 비빔밥

열무 비빔국수

[재료] 열무 김치 200g, 소면 1인분, 설탕 3g(1작은술), 참기름 6g(1/2큰술), 통
깨 한꼬집

[만드는 방법]

1. 소면 1인분(500원짜리 동전 크기)을 삶아줍니다.

2. 열무 김치 200g, 고추장 10g(1/2큰술), 설탕 3g(1작은술)을 볼에 넣고 섞어 줍
니다.

3. 물기를 뺀 소면을 섞어 둔 양념에 넣고 비빈 후 참기름과 통깨를 넣고 비벼줍니다.

Tip 쫄깃하게 소면 삶는 법

끓는 물에 소면을 넣고 물이 거품처럼 끓어오르면 찬물을 50㎖ 넣어줍니다. 다시
물이 끓어오르면 물 50㎖를 넣어줍니다. 그 후 물이 끓어오르면 불을 끄고 찬물
에 국수를 씻은 후 물기를 최대한 제거합니다.

열무 비빔국수

미나리

2021년 아카데미 시상식에서 6개 부문 후보에 오르며 주목받은 영화 '미나리'는 미국에 이민 간 한국 가족의 이야기입니다. 한국인 최초 아카데미 여우 조연상을 받은 윤여정 배우가 손자와 미나리밭 개울가에서 나눈 대사는 미나리의 본질을 말해줍니다.

"미나리는 어디에 있어도 알아서 잘 자라고, 부자든 가난한 사람이든 누구든 건강하게 해 줘"

낯선 땅에서도 근본을 잃지 않고 뿌리 내리는 한국인과 미나리는 많이 닮아있습니다. 미나리 특유의 향은 리모넨을 비롯한 여러 가지 방향정유 성분의 조합으로 이 향긋함에 미나리는 초무침, 나물, 전, 전골 등 다양하게 한식 재료로 활용됩니다.

미나리 키우기(물 꽂이)

마트에서 식재료로 구매한 미나리를 세척할 때, 줄기의 맨 아래 마디가 있는 부분을 중심으로 위아래 2cm 정도 잘라줍니다. 이를 물에 담가 물꽂이하면 마디 부분에서 새로운 뿌리를 내립니다. 이렇게 뿌리 내린 미나리를 그대로 수중 재배를 이어가거나, 흙이 있는 화분에 심어 본격적으로 재배할 수 있습니다.

여름철에는 높은 온도와 습도 덕분에 물꽂이를 시작한 다음 날부터 바로 새순이 자라는 것을 관찰할 수 있습니다. 뿌리가 충분히 내린 후에는 화분에 흙을 담아 미나리 줄기를 심어줍니다.

미나리는 반음지 식물로, 해가 적어도 자랄 수는 있지만, 햇빛이 많이 들어오는 곳에서 키운 미나리는 잎이 짙고 두꺼워지며 더욱 건강하게 자랍니다.

물 꽂이한 미나리 밑동 1일 차

물 꽂이 3일 차 미나리 새순

화분에 심어준 미나리 모습

성장기 관리

실내에서 화분에 재배하는 미나리는 3일에 한 번씩 액체 비료를 희석해 물을 줍니다. 여름철 생장이 왕성해지면서 잎이 무성해져 통풍이 나빠질 수 있으며, 반대로 날씨가 추워지면 잎이 빨리 시들어 화분 위로 떨어지면서 통풍을 방해할 수 있습니다.

정식한지 7일 차 미나리
2023.09.11.(월)

정식한지 27일 차 미나리 모습

수확

미나리는 윗부분이 20~30cm 가량 자라면 수확합니다. 건강한 상태를 유지하려면 2주일에 한 번씩 솎아주거나 수확하는 것이 좋습니다. 가정에서 재배 시에는 10cm 이상만 자라도 언제든지 필요한 만큼 잘라 식재료로 활용할 수 있다는 것이 큰 장점입니다.

미나리는 칼륨(382mg)과 철분(2.0mg)을 풍부하게 함유하고 있습니다. 미나리에 함유된 베타카로틴은 지용성이므로, 나물로 섭취 시 들기름이나 참기름을 넣어 무치면 흡수율을 높일 수 있습니다. 고기전골 등 지방이 포함된 요리에 미나리를 곁들이면 베타카로틴의 흡수에 유리해집니다.

미나리 비빔밥

[재료] 밥 200g(1공기), 달걀50g(1개), 고추장 13g(2/3큰술), 미나리 30g(한 줌), 참기름 6g(1/2큰술), 통깨 1g(1/2작은술)

[만드는 방법]

1. 밥 한 공기 위에 잘게 썬 미나리 30g을 밥이 덮힐 만큼 올립니다.

2. 계란 프라이를 만들어 미나리 위에 올립니다.

3. 고추장 13g(2/3스푼), 참기름 6g(1/2큰술), 통깨 1g(1/2작은술)을 넣고 젓가락으로 살살 버무리듯 섞어줍니다.

완성된 미나리 비빔밥

양념이 잘 섞인 미나리 비빔밥

미나리전

[재료] 미나리 15줄기, 청양고추 3개, 부침가루 30g(3 큰술), 물 60㎖, 아보카도유
　　　45㎖(3큰술)

[만드는 방법]

1. 세척한 미나리 15줄기를 1cm 길이로 잘게 잘라줍니다.

2. 청양고추 3개를 0.5cm 길이로 잘라줍니다.

3. 볼에 자른 미나리와 청양고추, 부침가루 30g(3 큰술), 물 120㎖를 넣고 잘 섞어
   줍니다.

4. 프라이팬을 중불로 달군 후 아보카도유를 두르고 섞어 둔 반죽을 올려 구워냅니다
   (기호에 따라 참새우 8g(1큰술) 넣으면 구수함과 감칠맛이 올라갑니다).

부침가루를 섞기 전 미나리전 재료

완성된 미나리전

미나리전과
물꽂이 릴스

섬유질이 부족한 수육과 문어는 미나리와 함께 섭취할 때 영양학적으로 완벽한 균형을 이룹니다. 아롱사태 수육에 생미나리를 곁들이면 특유의 향긋함이 육류의 느끼함을 깔끔하게 잡아주며, 미나리는 소고기부터 해산물까지 어떤 단백질 식재료와도 상호보완적인 조화를 선사합니다.

문어, 수육, 미나리 삼합

아롱사태와 미나리

PLUS TiP K-면과 미나리의 다양한 조합

미나리는 대표적인 K-푸드인 라면과도 훌륭한 조화를 이룹니다. 자칫 영양이 불균형하기 쉬운 짜장라면에 달걀 프라이와 생미나리를 곁들이면 맛은 물론, 혈당 상승을 완화하고 나트륨 배출을 돕는 훌륭한 건강식이 됩니다. 또한 얼큰한 국물 라면에 달걀과 잘게 썬 미나리를 고명으로 더하면, 부족한 영양을 채워줄 뿐만 아니라 밋밋하던 국물에 생기까지 불어넣어 줍니다.

짜장 라면과 미나리

국물 라면과 미나리

한여름 입맛을 돋우는 쫄면에도 미나리는 최고의 조연입니다. 생 쫄면을 삶을 때 콩나물을 더하고, 아삭한 양배추와 함께 1cm 크기로 썬 미나리를 듬뿍 넣어 비비면 한층 고급스러워집니다. 미나리의 풍부한 식이섬유는 탄수화물의 소화 흡수를 늦춰 혈당 관리에도 도움을 줍니다. 여기에 수육을 얹어 고기국수처럼 즐기거나 새콤달콤한 미나리 초무침을 곁들이면 더욱 풍성하고 건강한 별미가 완성됩니다.

수육과 미나리 초무침

고기 쫄면과 미나리 고명

소면을 삶아 1인분 기준 고추장 10g(1.5작은술), 식초 15g(1큰술), 설탕 5g(1작은술)을 넣고 채 썬 오이와 미나리를 비벼보세요. 통깨와 참기름을 두른 '미나리 비빔국수'는 한 여름 더위를 잊게 해줍니다.

매번 준비하기 번거롭다면 세척한 미나리(200g에 고춧가루 5g(1큰술), 식초 15g(1큰술), 고추장 10g(1/2 큰술), 참기름 6g(1/2큰술)과 통깨 4g(1/2 큰술)을 등을 넣어 '미나리 초무침'을 미리 만들어 주는 것도 방법입니다.

미나리 비빔국수

미나리 초무침

쪽파

쪽파는 파와 양파의 교잡종으로, 비늘줄기 하나를 심으면 여러 쪽으로 갈라지는 특성이 있어 쪽파라고 부릅니다. 수선화과에 속하는 다년생 식물인 쪽파는 서늘한 기후를 좋아하므로, 가을에 파종하는 것이 가장 좋습니다. 쪽파는 종구(알뿌리)로 번식하는 채소이기 때문에 반드시 종구가 있어야 재배가 가능합니다. 단단하고 수분 없이 건조가 잘 된 것이 우수한 알뿌리이며, 파종 후 수확까지의 생육 기간은 약 40일 내외입니다.

씨앗 심기(파종)

파종 시 붙어 있는 종구들을 하나씩 분리해 심어야 하며, 싹이 난 종구는 꼭지 부분(생장점 위)을 1/3가량 잘라낸 후 심습니다. 이렇게 종구의 꼭지를 절단하면 휴면 상태의 알뿌리를 깨우고, 절단 부위에서 새순이 나오는 것을 촉진하며, 수분 증발을 억제해 부패를 방지하는 데 도움이 됩니다.

배송 온 쪽파 종구

파종을 마친 쪽파 종구

성장기 관리

물 주기

쪽파는 싹이 완전히 나오기 전까지 과습할 경우 알뿌리가 썩을 수 있으므로, 반드시 흙이 마르는 것을 확인한 후 물 주기를 해야 합니다.

흙과 화분

일반 상토에 지렁이 분변토를 10% 섞어준 흙에 심었더니, 파종 5일 차에 싹이 1cm 이상 자랐습니다. 파종 18일 차에는 화분이 꽉 찰 정도로 힘 있게 자라 수확을 고민할 만큼 성장했습니다.

파종 5일 차 쪽파 종구

파종 18일 차 쪽파

쓰러짐 관리

베란다에서 한파를 맞은 쪽파는 파종 125일 차에 접어들며 줄기가 힘없이 엉키며 쓰러졌습니다. 당시에는 양옆으로 지주를 세워 끈으로 묶어주었습니다. 쪽파는 종구를 심은 뒤 약 40일이 지나면 영양생장을 마치고 생식생장을 준비하는 단계가 됩니다. 이때 줄기가 물러지거나 쓰러지는 것은 번식을 위한 자연스러운 과정입니다.

병해충 관리

쪽파는 겨울을 노지에서 나고 6월경 씨를 맺기 시작하는데, 이때 농장에서 유통되는 종구에는 해충의 알이 부착되어 올 수 있습니다. 이를 예방하기 위해 쪽파를 심을 화분에 총진싹을 넉넉하게 넣고 종구를 심은 후, 흙 위에도 추가로 한 스푼(10g)씩 뿌려주면 초기 병해충 발생을 효과적으로 예방할 수 있습니다.

수확

쪽파는 종구를 심고 20여 일 후
부터 지속적으로 수확할 수 있지
만,파종 40일 이후에는 뿌리째 뽑
아 완전히 수확하는 것이 맛과 영양
모두 좋습니다.

중간 수확을 한 쪽파

쪽파를 한 단, 두 단씩 김치로 담그려면 손이 많이 가고 일이 너무 커져 엄두가 나지 않을 때는, 쪽파를 한입에 들어갈 수 있는 크기로 잘라 쪽파무침을 만들어 간편하게 즐길 수 있습니다.

쪽파 무침

[재료] 쪽파 20줄기(약 100g)

[양념] 멸치액젓 15㎖(1큰술), 고춧가루 8g(1큰술), 설탕 6g(1/2큰술), 매실청 15 ㎖(1큰술), 참기름 7㎖(1/2큰술)

[만드는 방법]

1. 쪽파 20줄기를 씻어 물기를 제거한 후 4cm 길이로 썹니다.

2. 믹싱볼에 쪽파 흰 부분(머리)을 넣고 멸치액젓을 부어 10분간 절입니다.

3. 절인 쪽파에 나머지 양념을 모두 넣고 고루 버무립니다.

4. 밀폐 용기에 담아 냉장 보관을 합니다.

4cm 길이로 자른 쪽파

액젓에 절이는 쪽파 머리

양념과 버무린 쪽파

쪽파 김치

[재료] 쪽파 1단(1.2kg 기준)

[양념] 찹쌀풀 500㎖, 고춧가루 80g(10큰술), 다진 마늘 50g(10쪽), 배1/4개, 양파1/2개, 매실청 45㎖(3큰술), 새우젓(육젓)30㎖(2큰술), 멸치액젓 60㎖(4큰술), 까나리 액젓 60㎖(4큰술), 꽃게 액젓 60㎖(4큰술)

[만드는 방법]

1. 쪽파를 깨끗하게 씻어 물기를 제거합니다.

2. 다진 마늘, 양파, 새우젓(육젓), 배는 믹서기에 넣고 곱게 갈아줍니다.

3. 쪽파는 하얀 뿌리 부분에 멸치액젓을 부어 20분간 절여줍니다.

4. 갈아둔 양념에 찹쌀풀과 고춧가루를 넣고 골고루 섞어줍니다.

5. 양념은 쪽파의 하얀색 대부분을 중심으로 묻히고, 끝 잎 부분은 살짝만 스치듯이 발라줍니다.

6. 양념을 다 바른 쪽파는 김치통에 담아, 쪽파 머리 부분에 양념을 한 번 더 발라줍니다.

세척 중인 쪽파

양념 바른 쪽파 김치

냉장고 넣기 전 쪽파 김치

쪽파 김치 다양하게 먹는 방법

쪽파 김치는 돼지고기 수육이나 삼겹살 등 육류가 있는 식탁에는 어디든 훌륭하게 잘 어울리며, 고기를 먹을 때 함께 먹으면 고기의 누린내를 잡아줍니다. 특히 한국인들의 소울푸드인 '짜장라면과 쪽파 김치' 조합은 부족한 섬유소와 매운맛의 자극을 보완하여 만족도 높은 한 끼가 될 수 있습니다.

치킨과 제육볶음과 쪽파김치

감자탕에 곁들인
쪽파김치

짜장라면과 쪽파김치

대파

집에서 음식을 해본 경험이 있는 사람이라면 한 번쯤은 '대파를 냉동하지 않고 어떻게 하면 오래 보관할 수 있을까?'라는 고민을 하게 됩니다. SNS상에서는 소주를 부어 보관하면 보관 기간이 길어진다고 하고, 어떤 이들은 잘라서 냉동 보관이 정답이라고도 합니다. 이런 고민을 해결할 수 있는 좋은 방법이 일명 '파테크'라 불리기도 하는 '대파 뿌리' 키우기입니다.

대파는 한국 음식에 빠지지 않는 약방의 감초 같은 식재료입니다. 대파를 씨앗부터 심어 재배하는 경우에 수확까지 약 4개월이 소요되어 생산성이 떨어집니다. 가끔 마트에 '실파'라는 이름으로 쪽파와 비슷하게 생긴 파를 한 단씩 묶어 판매하는데, 실파가 자라면 대파가 되는, 즉 '어린 대파'입니다.

화분 정식

뿌리까지 있는 대파를 마트에서 구매해 뿌리를 물이나 흙에 심으면 지속적으로 수확해 사용할 수 있습니다. 초록색 잎 부분을 잘라 사용하면, 꽃대가 올라오기 전까지 계속해서 수확할 수 있습니다. 이는 대파의 주요 생장점과 저장 조직이 줄기 밑동에 위치하고 있기 때문입니다. 덕분에 잎 부분을 잘라내도 새로운 잎이 계속 자라날 수 있습니다.

뿌리째 심은 대파가 자란 사진

대파 뿌리 심는 방법

❶ 대파를 뿌리로부터 약 10~15cm 정도 남기고 절단한 후, 긴 뿌리털은 자르고 묻어 있는 흙은 깨끗이 씻어냅니다.

❷ 대파를 재배할 화분은 깊이가 25~30cm 정도 되어야 합니다. 그래야 대파가 자라 길이가 길어지고 무거워졌을 때도 쓰러지지 않습니다.

❸ 대파를 심기 전, 화분 흙에 충분히 물을 주어 적셔 줍니다. 이러한 사전 물 주기는 흙의 입자 사이에 공간을 줄여주어, 정식 후 뿌리가 흙과 밀착하는 데 도움을 줍니다.

❹ 흙에 심을 자리를 만든 뒤, 대파 뿌리 부분의 절반에서 3분의 2정도가 흙 속에 묻히도록 심어 단단히 고정합니다.

흙 배합한 화분

잘라낸 대파 뿌리

화분에 대파 자리 배치

창문 앞 대파 화분

성장기 관리

흙과 화분

화분에 심은 대파는 하루만 지나도 연두색 새순이 올라오기 시작하며, 약 10일이 지나면 수확하기 적당한 크기로 자랍니다. 대파의 잎은 생장 속도가 매우 빠르기 때문에, 주기적으로 수확을 통해 잎의 무게를 조절해 주어야 합니다. 만약 자라는 속도에 맞춰 주기적으로 수확을 하지 않으면, 잎이 무거워져 옆으로 기울거나 휘어지게 됩니다. 이는 광합성 효율을 떨어뜨리고 생육을 저해하는 원인이 됩니다.

화분 정식 10일 차 대파

화분 정식 12일 차 대파

수확 시기를 놓쳐 휘어진 대파

영양

대파는 생장이 매우 빠른 작물로 정식 시 밑거름이 필수적이며, 한 달에 한 번 간격으로 웃거름도 주어야 합니다. 평소에는 액체 비료를 희석해 일주일에 두 번 정도 물을 줍니다.

병해충 관리

대파는 습기가 많으면 해충이 생기기 쉽습니다. 특히 고온다습한 장마철에는 대파가 무르면서 냄새가 발생할 수 있고, 이때 총채벌레와 초파리가 유인됩니다. 각별한 주의가 필요한 시기에는 재배를 피하는 것이 좋습니다.

K-푸드 레시피

파개장

[재료] 대파 500g, 사태 육수 1,000㎖, 사태 수육 500g

[양념] 고춧가루 20g(2.5큰술), 된장 18g(1큰술), 다진 마늘 15g(1큰술), 미림 30㎖(2큰술), 간장 15㎖(1큰술), 꽃게 액젓 15㎖(1큰술) 후추 0.5g(1/4작은술)

[만드는 방법]

1. 대파를 반으로 갈라 4cm 길이로 썰어 줍니다.
2. 사태 수육은 3cm 길이로, 손으로 찢어 간장 15㎖(1큰술)와 미림30㎖(2큰술)를 넣고 버무려 밑간합니다.
3. 기름을 두른 냄비나 웍에 준비한 대파를 넣고 볶다가 고춧가루를 넣어 함께 볶습니다.
4. 볶은 대파에 밑간해 둔 사태를 넣고 한 번 더 볶아 줍니다.

5. 볶은 재료에 사태 육수를 붓고 된장과 남은 다진 마늘을 풀어 넣어줍니다.

6. 30분간 끓여 모든 재료의 맛이 육수에 충분히 우러나도록 합니다.

7. 액젓을 사용해 마지막으로 간을 조절하여 완성합니다.

8. 불을 끄기 직전, 후추를 넣어 향을 더합니다.

반으로 갈라 4cm 길이로 자른 대파

살짝 볶은 대파에 고춧가루를 넣은 모습

볶아진 대파에 재워 둔 고기를 넣은 모습

대파와 고기를 함께 볶은 모습

사태 육수를 붓는 모습

된장을 풀어 간을 맞추는 모습

대파 김치

[재료] 대파(흰 부분 중심) 100g, 멸치액젓(절임용) 15㎖(1큰술)

[양념] 다진 마늘 7.5g(1/2큰술), 고춧가루 7g(1큰술), 매실액 15㎖(1큰술), 까나리
액젓(또는 꽃게 액젓) 7.5㎖(1/2큰술)

[만드는 방법]

1. 세척한 대파는 반을 가른 뒤 5~6cm 길이로 썰어 준비합니다.

2. 준비한 대파에 멸치액젓 15㎖를 넣어 20분간 절입니다.

3. 다진 마늘, 고춧가루, 매실액, 까나리액젓(또는 꽃게액젓)을 섞어 양념을 만듭니다.

4. 대파를 절이고 남은 액을 버리지 않고 양념과 함께 대파를 골고루 버무려 완성합
니다.

Tip 대파를 통으로 만드는 대파 김치도 있지만, 통으로 만들면 고기와 함께 싸
서 먹기가 불편합니다. 고기에 가볍게 곁들이고 싶다면 대파를 반으로 갈라 한 장씩
먹기 좋게 만드는 것도 방법입니다. 이렇게 하면 김치의 부피도 줄어 편리합니다.

반 가른 대파를 썰어 놓은 모습

양념을 버무린 대파 김치

반으로 갈라 만든 대파 김치

PLUS TIP 대파 먹는 다양한 방법

파채를 썰고 고춧가루, 소금, 참기름, 통깨를 넣어 파채 무침을 만든 뒤 고기와 곁들여 먹으면, 고기의 느끼함도 잡아줄 뿐만 아니라 혈관 건강 걱정도 덜 수 있습니다.

삼겹살 구이에 곁들인 대파 무침(파절이)

항정살 볶음과 파절이

콩 나 물

콩나물 재배기에 콩을 넣고 물을 준 뒤 하루만 지나면 콩나물 싹이 나오기 시작합니다. 재배 2일 차 저녁이 되면 채반 아래쪽으로 길게 자란 뿌리가 보이기 시작하며, 이후 12시간이 지난 다음 날 아침(재배 3일 차)에는 콩나물줄기의 길이가 바구니 높이에 근접할 정도로 자란 모습을 볼 수 있습니다.

재배기 안에 넓게 펴준 불린 콩

재배기 안에서 하루 만에 나온 싹

채반 밑으로 내린 콩나물 뿌리

콩나물 재배기 안에서 3일 차 콩나물

껌 길이로 자란 3일 차 콩나물

콩나물 재배 방법

[준비물] 콩나물 재배기(햇빛 차단 뚜껑, 채반, 물받침대로 구성됨), 무농약 콩나물 콩

❶ 콩을 흐르는 물에 씻은 뒤 4~5시간 정도 불립니다. 이 과정에서 갈라지거나 물 위에 뜨는 콩은 골라냅니다.

❷ 불린 콩을 콩나물 재배기 채반 위에 겹치지 않게 넓게 펼쳐 담은 후, 햇빛 차단 뚜껑을 닫습니다.

❸ 4~5시간 간격으로 뚜껑을 열어 재배기 바구니 전체를 통과하도록 물을 고르게 줍니다.

❹ 물 받침대에 물이 고여 있는 상태가 지속되면 뿌리 조직이 손상될 수 있으므로, 물을 준 뒤에는 반드시 물 받침대의 물을 비워 줍니다.

❺ 콩나물 재배 적정 온도는 20~25℃이며, 30℃ 이상의 여름철에는 온도가 높아 미생물 증식과 조직 연화가 빠르게 진행될 수 있으므로, 한여름 재배는 피하는 것이 좋습니다.

콩나물 재배기

무농약 콩나물 콩

침종시킨 콩나물 콩

하룻밤 불린 콩나물 콩

수확

콩나물 재배를 시작한 지 4일 차 아침에 되자, 콩나물의 키가 커져 뚜껑에 닿을 정도가 되었습니다. 햇빛 차단 뚜껑이 제대로 닫히지 않으면 콩나물이 광합성을 하여 초록색으로 변할 수 있어 재배 4일 차 아침에 모두 수확했습니다.

콩나물 재배기 4일 차 아침 콩나물

뚜껑의 대각선 길이 만큼 자란 콩나물

전체 콩나물 수확 후 길이 확인

K-푸드 레시피

콩나물은 대두(콩)가 싹을 틔운 발아 식품으로, 발아 과정에서 콩에 들어 있던 저장 영양소가 분해 및 전환되면서 일부 영양 성분의 조성이 달라집니다. 특히, 콩에는 거의 없던 비타민 C가 발아 과정에서 새롭게 생성됩니다.

콩나물의 꼬리 부분에는 아미노산의 일종인 아스파라긴산이 많이 분포되어 있습니다. 꼬리를 제거하지 않고 함께 섭취하는 것이 콩나물의 특성을 지혜롭게 활용하는 방법입니다.

하얀 콩나물무침과 김치 콩나물국 한 번에 하기

[재료] 콩나물 300g, 소금 6g(1작은술), 배추김치 150g(1/8포기), 다진 마늘 10g(2작은술), 멸치 액젓 15㎖(1큰술, 간 조절용), 물30㎖(초기 가열용), 물 1ℓ(국물용)

[만드는 방법]

1. 콩나물을 흐르는 물에 세척 후 냄비에 넣고, 소금 3g(1/2작은술)과 물 30㎖를 넣습니다.

2. 뚜껑을 덮은 상태에서 3분 간 가열합니다.

3. 뚜껑을 열고 콩나물을 한 번 뒤집어 준 뒤, 3분 간 더 가열합니다.

4. 익은 콩나물 중 약 80%를 건져 믹싱볼에 옮기고, 20%는 냄비에 남겨둡니다.

5. 냄비에 남은 콩나물에 배추김치 150g(1/8포기)을 1cm 길이로 잘라 넣습니다.

6. 물 1ℓ를 붓고 다진 마늘 5g(1작은술)을 넣고 20분간 끓입니다.

7. 국물에 멸치액젓 15㎖를 넣어 간을 맞추면 '김치 콩나물국' 완성입니다.

8. 믹싱볼에 담긴 콩나물에 다진 마늘 5g(1작은술)을 넣고 소금 3g(1/2작은술)을 넣고 골고루 섞어줍니다. 싱거우면 소금을 추가하여 간을 맞추면 '하얀 콩나물무침' 완성입니다.

9. 기호에 따라 참기름과 통깨 그리고 고춧가루를 넣으시면 됩니다.

콩나물에 넣은 소금의 양

6분 간 익히는 콩나물

무침에 넣은 소금의 양

완성된 콩나물무침

냄비에 남은 콩나물의 20%

김치를 썰어 넣은 모습

완성된 김치 콩나물국

얼큰 해장라면

나트륨과 열량이 높은 라면을 먹을 때 해조류나 채소, 양질의 단백질을 곁들여 보세요. 자칫 영양이 불균형해지기 쉬운 식단에 부족한 영양소를 채워주며, 라면을 훨씬 건강하고 든든한 한 끼 식사로 만들어 줍니다.

[재료] 콩나물 50g(한 줌), 문어 다리 1개(40g), 양파 50g(1/4 개), 건미역 불린 것 10g, 청양고추 2개(10g), 다진 마늘 10g(2작은술), 고추장 5g(1작은술), 라면 1봉

[만드는 방법]

1. 냄비에 물 750~800㎖를 넣고 가열합니다.
2. 물이 끓기 시작하면 콩나물, 문어, 미역, 양파, 고추장을 넣습니다.
3. 3분 동안 끓인 뒤 면을 넣고 추가로 3분 간 가열합니다.
4. 마지막에 청양고추와 다진 마늘을 넣고 불을 끕니다.
5. 예쁜 그릇에 옮기면 얼큰 해장라면 완성입니다.

라면에 넣을 재료들

완성된 얼큰 해장라면

미역만 넣은 얼큰 해장라면

Tip 재료가 없을 때에는 '콩나물과 미역'만 넣어도 깔끔하게 시원한 국물의 라면이 가능합니다.

숙주

숙주는 녹두를 발아시켜 싹을 길러 먹는 채소로, 콩나물과 더불어 한국인의 밥상에 친숙한 싹채소 중 하나입니다. 조리 시간이 짧고 식감이 아삭하여 국, 볶음, 무침 등 다양한 요리에 활용되며, 집에서도 위생 관리만 잘하면 짧은 기간 안에 수확할 수 있습니다.

숙주는 광합성이 필요하지 않는 발아 채소로, 햇빛을 차단한 상태에서 물과 온도 관리만으로 성장합니다. 숙주 생육의 적정 온도는 20~25℃입니다. 15℃ 이하의 겨울철에는 효소 활동이 둔해져 성장이 더디고, 30℃가 넘는 한여름에는 조직이 물러지거나 부패하기 쉽습니다. 재배 기간이 짧은 만큼, 관리의 핵심은 온도, 수분 그리고 위생입니다.

숙주 재배 방법

[준비물] 콩나물 재배기(햇빛 차단 뚜껑, 채반, 물받침대로 구성), 무농약 녹두(발아용)

❶ 녹두는 쌀을 씻듯 2~3회 깨끗하게 세척한 후, 하룻밤 동안 물에 담가 충분히 불립니다.

❷ 재배기에 불린 녹두를 겹치지 않게 담고 빛 차단 뚜껑을 닫습니다.

❸ 숙주가 빛을 받으면 광합성을 위해 엽록소가 생성되어, 색이 초록색으로 변하고 식감이 질겨집니다.

❹ 4~5시간 간격으로 재배기 바구니를 꺼내 녹두 위에 물을 충분히 줍니다.

❺ 기온이 올라가면 물주는 횟수를 늘려야 합니다. 공기가 통하지 않는 재배기 내부는 곰팡이나 박테리아가 번식하기 쉬운 환경이 됩니다. 주기적인 물 주기는 수분 공급 외에도 내부 온도를 낮추고 신선한 산소를 공급하며, 오염 물질을 씻어내는 세척 작용을 합니다.

불리기 시작한 녹두

하룻밤 사이 불어서 껍질이 벗겨지는 녹두

재배기 바구니 위에 펼쳐진 불린 녹두

하루 만에 나온 녹두 싹

재배기 2일 차에 꼬리가 나온 녹두

재배기 3일 차에 녹두잎이 나온 싹

재배기 사용 4일 차
아침 녹두싹

재배기 사용 4일 차
저녁 녹두싹

주 의

곰팡이 vs 뿌리털

재배 2~3일 차, 줄기 하단에 하얀 솜털 같은 것이 보이면 곰팡이로 오해하여 버릴 수 있습니다. 하지만 이것은 물을 더 효율적으로 흡수하기 위해 표면적을 넓히려는 식물의 생존 전략인 '뿌리털'입니다. 퀴퀴한 냄새가 나지 않고 신선한 풀냄새가 난다면 정상적으로 자라고 있는 것이니 안심하셔도 됩니다.

수확

녹두는 콩나물보다 성장 속도가 빨라, 파종 후 약 4일이면 수확할 수 있습니다.

K-푸드 레시피

소고기 숙주찜

기름에 볶지 않고 쪄냄으로써 칼로리는 낮추고, 수용성 비타민의 손실을 최대한 줄이는 건강한 조리법입니다.

[재료] 불고기용 소고기 300g, 숙주 300g, 알배추 10장, 청경채 20개, 맛술 30 ㎖(고기의 잡내 제거용)

[양념] 물 60㎖, 식초 30㎖, 간장 30㎖, 매실청 15㎖, 양파 1/8개, 청양고추 1/4개 (와사비와 겨자는 선택사항, 체중 감량을 위한 저염 양념 레시피입니다. 일반적인 양념을 원하시면 물의 양을 반으로 줄이세요!)

[만드는 방법]

1. 숙주, 알배추, 청경채, 양파, 고추를 깨끗하게 씻어 체에 받쳐 물기를 제거합니다.

2. 청경채는 한 장씩 뜯어 2등분하고, 알배추는 가로로 4등분 합니다.

3. 냄비에 물과 맛술(30㎖)을 넣고 끓입니다. 증기가 올라오면 찜기를 올립니다.

4. 찜기에 소고기, 알배추, 청경채, 숙주 순으로 넣고 7~8분간 쪄줍니다.

5. 찜기에서 음식이 익는 동안 양념장을 만듭니다. 양파는 깍둑썰기하고, 청양고추는 0.5cm 크기로 썰어 물 60㎖, 식초 30㎖, 간장 30㎖, 매실청 15㎖를 함께 섞어 양념장 그릇에 옮깁니다.

6. 찜기에서 음식을 꺼낼 때는 순서는 숙주, 청경채, 배추, 고기 순으로 접시에 담습니다.

7. 완성된 음식은 고기 한 조각과 채소 한 조각을 함께 집어 양념장에 찍어서 드시면 됩니다.

야식과 다이어트 시 부담 없는 소고기 숙주찜

Tip 고기를 가장 아래에 두는 이유

첫째, 익는 시간이 오래 걸리기 때문에 열원과 가장 가깝게 둡니다.

둘째, 고기에서 나온 육즙이 증기가 되어 올라오면서 위쪽의 채소에 감칠맛을 더합니다.

셋째, 고기에서 나온 불순물과 지방 성분이 채소에 직접 닿지 않고 아래로 떨어지게 하기 위함입니다.

쑥갓

화분 정식

화분에 줄뿌림으로 파종했던 쑥갓은 파종 19일 차에 떡잎 사이에서 본잎이 나오기 시작하여 정식을 진행했습니다. 본잎의 출현은 광합성 능력이 확보되었음을 의미하므로, 정식을 하면 뿌리의 활착이 빠르고, 이후 잎의 생장이 안정적으로 이어집니다.

옆줄에 함께 파종한 청로메인은 개별 화분으로 정식해 옮겨주고, 기존 청로메인이 있던 자리까지 쑥갓으로 재배 공간을 재배치했습니다. 정식하고 한 달이 지나자, 본잎이 4장 이상 나오고, 잎의 크기가 눈에 띄게 커졌습니다.

파종 19일 차 정식 전 · 파종 19일 차 정식 후 · 파종 46일 차 쑥갓

성장기 관리

물 주기

쑥갓은 2~3일에 한 번 정도 물을 주되, 계절과 실내 환경에 따라 흙의 건조 속도가 달라질 수 있으므로 화분의 겉흙이 말랐는지 확인하고 물을 줍니다.

흙과 화분

펠릿에 파종했던 쑥갓을 화분에 정식한 뒤 한 달이 지나자, 쑥갓의 잎도 커지고 개체 사이의 간격이 좁아져 분갈이해 해주었습니다. 그동안 여러 차례 잎을 수확해 왔지만, 분갈이 후 약 2개월이 지나자, 키가 눈에 띄게 자라고 잎도 더욱 풍성해집니다.

영양(비료, 거름)

쑥갓 분갈이 시 지렁이 분변토를 10% 정도 혼합하고, 평소 사용하던 충진싹도 함께 섞어 병해충을 예방합니다.

수확

쑥갓을 재배하면서 연속적으로 풍성하게 수확하고 싶다면, 줄기 상단을 잘라주세요. 절단 부위 아래의 마디에서 새순이 돋아나는데 이는 바질잎을 풍성하게 키우는 방법과 동일합니다. 쑥갓은 성숙한 잎을 꾸준히 수확할수록 새순과 새잎이 더욱 잘 자랍니다.

> **Tip** 쑥갓 먹는 다양한 방법
>
> 쑥갓은 독특한 향을 가지고 있어, 호불호가 갈리기도 하지만 해산물이나 고기 요리에 두루 잘 어울리는 쑥갓의 향은 식욕을 돋우고 마음까지 푸근하게 해줍니다.
> 생채로 고기와 먹거나, 전골이나 국물 요리 시 오래 끓이면 향이 날아가고 질겨지므로, 불을 끄기 직전 마지막에 넣어야 향긋한 풍미와 수용성 영양소의 손실을 최소화하며 온전히 즐길 수 있습니다.

3장

뿌리채소

당근

일상에서 가장 흔하게 접할 수 있는 뿌리 채소인 당근은 미나리과에 속하는 두해살이풀로 1년 차에 뿌리와 잎을 키우고, 2년 차에 꽃을 피우고 씨앗을 맺는 생애주기를 가지지만, 식용으로는 주로 1년 차에 수확합니다.

당근 씨앗의 발아 적정 온도는 15~25℃이며, 생육 적정 온도는 15~20℃, 뿌리 비대 적정 온도는 16~21℃입니다. 3℃ 이하나 28℃ 이상에서는 생육이 정지하거나 뿌리의 착색이 불량해집니다. 노지 재배 기준으로 봄 재배는 4~5월에 파종하여 7~8월에 수확하고, 가을 재배는 7~8월에 파종하여 10~11월에 수확합니다. 가을 재배는 서늘한 기후에서 생육이 이루어져 품질이 우수하고 뿌리 색이 좋아 홈가드닝에 적합합니다.

씨앗 심기(파종)

펠릿 파종

당근은 뿌리의 형태가 중요한 작물이므로 직파하는 것이 기본이지만, 펠릿 채로 심을 수 있는 특성을 활용해 펠릿 파종을 했습니다. 파종 5일 차에는 펠릿 내부에서 싹이 트려는 움직임이 감지되었으나, 아직 밖으로 드러나지는 않습니다. 파종 7일 차가 되자 싹이 펠릿 밖으로 1cm 이상 나왔고, 10일 차에는 모든 펠릿에서 길쭉한 떡잎이 올라오며 발아율 100%를 확인했습니다. 파종 16일 차부터는 본잎까지 나오기 시작하며 본격적인 성장에 들어갔습니다.

펠릿 파종 3일 차 당근

파종 7일 차

파종 10일 차

파종 16일 차 본잎이 나온 당근

화분 정식

당근은 뿌리 발달이 중요한 작물이기에 펠릿의 외피가 성장에 방해가 될 것을 우려하여, 외부 부직포만 조심스럽게 제거한 후 정식했습니다. 초기 생육 과정에서 발생한 웃자람을 보완하고 줄기 하부를 안정화하기 위해 떡잎 바로 아래까지 흙을 깊게 채워 심어줍니다.

파종 17일 차 정식 전 당근 싹

깊은 화분에 정식한 당근 싹

성장기 관리

물 주기

당근은 뿌리와 흙이 너무 건조한 상태에서 물을 갑자기 많이 주면 열근 현상이 나타날 수 있으며, 과습할 경우 뿌리가 부패할 위험이 있습니다. 잎이 무성해지면 증산 작용이 활발해져 수분 소모가 빨라지므로, 생육 상태에 맞춰 물 주기 빈도를 조절합니다.

흙과 화분

당근 뿌리가 아래로 자랄 수 있도록 깊이가 20cm 이상인 깊은 화분이 필요합니다. 뿌리가 자라 흙 위로 올라오는 경우가 생기면 흙으로 잘 덮어주고, 한달에 한번 분변토를 한 스푼(10㎖)씩 웃거름을 줍니다.

솎아주기

정식 후 일주일간은 큰 차이가 없더니, 파종 26일 차부터 본잎이 눈에 띄게 빨리 자라기 시작합니다. 파종 30일 차부터는 하루가 다르게 성장하는 모습이 보입니다. 파종 64일 차에 접어들면 줄기가 무성해지면서 잎의 무게 때문에 휘청거리기도 합니다. 이때 집게 핀 등을 이용해 줄기 밑동을 살짝 묶어주면, 식물이 지지력을 얻어 곧게 설 수 있습니다. 이 시기에는 겉부분의 당근잎만 따로 솎아 당근 잎 볶음 등으로 요리해 먹는 것도 가능합니다.

파종 30일 차 한 줄기에 본잎이 많이 나옴

파종 64일 차 당근 잎 모습

수확

파종 103일 차 되는 날 수확했습니다. 당근을 수확할 때는 지면과 가깝게 줄기를 하나로 모아 꽉 잡고 한 번에 뽑아냅니다. 수확한 당근을 세척할 때는 잔뿌리를 깔끔하게 제거해 주는 것이 좋습니다.

파종 103일 차에 수확된 당근 모습

당근 수확 릴스

파종 205일 차에 이어 235일 차에 남은 당근을 모두 수확했습니다. 이번에 수확한 당근 중 하나가 두 갈래로 갈라진 가랑이 당근이 되었는데, 이는 초기 발아 후 펠릿 채로 화분에 옮겨 심는 과정에서 뿌리에 자극이 가해졌기 때문으로 추정합니다.

당근을 너무 오래 재배하면 내부 조직이 목질화되어 섬유질이 거칠어지고 식감과 맛이 떨어지게 됩니다. 식용으로 부적합해지는 것을 방지하기 위해 남은 당근을 모두 수확하며 마무리했습니다.

205일 차 수확한 당근

235일 차 가랑이 당근 수확

253일 차 반듯한 당근

마트에서 구매한 당근을 먹기 전에 꼭지 부분(잎이 나오는 부분)은 잘라 내 버립니다. 이 버리는 부분을 접시에 담아 물에 담가두면 당근잎 재생 재배가 가능합니다. 당근잎의 식감은 미나리와 비슷하며, 당근 특유의 향이 납니다. 이 꼭지를 흙에 심어도 잎 재배가 가능한데, 아쉬운 점은 당근 뿌리는 다시 형성되지 않는다는 것입니다. 당근은 씨앗을 통해 번식하는 작물로, 뿌리꼭지만 심었을 때는 새로운 뿌리를 만들 수 없습니다.

물에 담가 놓은 지 3일 차에 연두색 싹이 보입니다. 8일 차가 되자 잎이 풍성한 당근 줄기가 자라났으며, 11일 차에는 관상용으로도 손색이 없을 정도로 예쁘고 싱싱한 당근 싹이 자태를 뽐내고 있습니다.

물에 담근 지 3일 차 당근 윗부분

물에 담은지 8일 차 당근잎

물에 담근지 11일 차 당근잎

무

무는 뿌리 채소라 씨앗을 밭에 바로 심는 직파가 가장 일반적 파종 방법입니다. 특히 초기에 성장이 매우 활발한 작물이므로 밑거름을 넉넉히 주어야 합니다. 무는 포기 사이의 간격이 가까울수록 작게 자라고, 멀수록 크게 자라는 특성이 있습니다. 이는 배추를 작은 화분에 심으면 작게 자라고 큰 화분에 심으면 크게 자라는 원리와 흡사합니다. 재배 용기나 식재 간격에 의한 제한된 뿌리 공간은 수분과 무기 양분의 흡수를 동시에 억제하며, 이는 무의 뿌리가 비대해지는 데 영향을 미칩니다.

씨앗 심기(파종)

물 파종

무는 대표적인 직파 작물이라는 점을 알고 있었지만, 씨앗이 싹트는 과정을 직접 보고 싶어 단기간 물 파종을 했습니다. 무 종자는 발아력이

물 파종 2일 차 꼬리(유근)가 나온 무 씨앗

강해 적정 수분과 온도 조건만 충족되면 빠르게 발아합니다. 무는 발아 초기부터 성장세가 빠르므로, 물 파종 상태를 장기간 유지하면 뿌리 끝이 손상되거나, 정식 후 뿌리 성장이 불량해질 수 있습니다.

화분 정식

물 파종 15일 차에 화분으로 정식했습니다. 이 시기는 떡잎이 완전히 나오고 뿌리의 방향성이 형성되는 단계로, 더 지체할 경우 뿌리 굴곡이나 생육 지연이 발생할 수 있습니다. 정식 시에는 뿌리가 휘지 않도록 깊이를 확보하고, 흙과

물 파종 15일 차에 화분에 정식한 무 새싹

뿌리가 밀착되도록 가볍게 눌러 줍니다. 뿌리 채소는 뿌리가 상하면 전체 생육에 큰 지장이 생기므로, 다른 채소의 싹을 옮겨 심을 때보다 뿌리가 다치지 않게 훨씬 주의를 기울여 조심스럽게 다뤄야 합니다.

분갈이

무는 일반적으로 분갈이를 권장하지 않는 작물이지만, 초기 정식 화분이 크기가 충분하지 않으면 생육 중반 이후 뿌리의 비대가 제한될 수 있습니다. 따라서 성장 단계에 맞춰 화분 환경을 미리 점검하는 것이 매

우 중요합니다. 다만, 무는 뿌리 손상 시 가랑이 무가 발생할 위험이 크기 때문에 가급적 분갈이를 피하고, 부득이한 경우 손상을 최소화하는 방향으로 신중하게 진행합니다.

성장기 관리

물 주기

무는 수분 관리가 중요한 작물로, 노지 재배를 기준으로 파종 후 약 한 달간의 초기 성장이 전체를 좌우합니다. 흙을 메마르지 않도록 꾸준히 물을 관리해 주어야 뿌리 갈라짐을 피할 수 있습니다. 수확 직전의 무에는 물 주기를 제한하는 것이 좋습니다. 수확기에 흙의 수분이 과다하면 무 표면이 갈라지거나 저장성이 떨어집니다.

흙과 화분

무는 자라면서 무청의 밑부분인 뿌리 상단이 흙 위로 솟아오르는데, 이 부위가 노출되면 광합성을 통해 초록색으로 변합니다. 보통 이 초록색 부분이 많을수록 맛있는 무가 됩니다. 맛있는 무로 키우고 싶다면 흙을 덮어주지 않는 것이 좋습니다. 다만, 일반적인 식용 무 재배에서는 뿌리가 고르게 굵어질 수 있도록 과도한 노출은 피하는 것이 권장됩니다.

무도 당근과 마찬가지로 흙 속에서 뿌리를 키우는 작물이므로, 뿌리가 뻗어나가는 데 저항이 없도록 부드러운 토양을 선택합니다.

영양(비료, 거름)

웃자람이 심해진 무 싹

웃거름과 복토를 해준 무

화분에 심은 무 싹에서 웃자람이 심하게 나타나 복토가 필요한 상황입니다. 이는 자라난 뿌리를 덮어주는 일반적인 '북주기'와는 다른 상황입니다. 무는 생육 과정에서 붕소가 결핍되면 속이 비어버리는 이른바 '바람 든 무'가 생길 수 있습니다. 이를 예방하기 위해서는 붕소 성분이 포함된 비료를 2주에 한 번씩 주기적으로 시비하는 과정이 반드시 필요합니다.

솎아주기

파종 23일 차에 접어들면서 본잎의 생장이 눈에 띄게 빨라집니다. 이 시점에는 성장이 더디거나 약한 모종은 뽑아내는 솎아주기를 통해 개체 간 양분 경쟁을 줄여주어야 합니다.

무는 잎이 왕성하게 자라기 시작하면 원활한 통풍을 위해 주기적으로 잎을 솎아줍니다. 만약 성장 중에 무청을 부분 수확하고 싶다면, 한 포기 당 1~2장 정도만 제한적으로 수확해야 합니다. 뿌리가 굵어지는데 필요한 광합성 능력이 과도하게 떨어지지 않도록 잎의 총량을 적절히 유지하는 것이 중요합니다.

파종 23일 차 본잎이 자라고 있는 무

파종 53일 차 무청이 빼곡해진 무

수확

무는 노지 재배 시 보통 2달(약 60일) 정도면 수확하지만, 일조량이 부족한 실내에서는 2배 이상의 시간이 필요합니다. 파종 104일 차에 접어들 무렵, 연말의 극심한 저온으로 인해 무가 얼어버릴 위험이 있어 서둘러 수확을 진행했습니다. 베란다 재배의 한계로 인해 기대했던 만큼 무가 비대해지지 않아, 식재료로 활용하기에는 다소 아쉬운 결과였습니다.

첫번째 수확한 3cm 크기의 무

두 번째 수확한 4cm 크기의 무

6cm 가까운 수확 무 중 제일 큰 무

래디시

체리처럼 빨갛고 동글동글한 래디시는 저에게 동화 '라푼젤'에서 라푼 젤 엄마가 먹었던 '외국 무' 이미지로 각인되어 있었습니다. 그런 동화 속 외국인만 먹었던 빨간 무가 20일이면 수확이 가능한 래디시라는 사실이 초보 식집사의 호기심을 자극했습니다.

래디시는 생육 기간이 비교적 짧은 십자화과 뿌리 채소로, 노지 재 배에서 재배 조건이 안정적일 경우 파종 후 약 20일 내외부터 수확이 가 능한 품종입니다. 이 기간은 노지 재배나 충분한 일조와 온도 조건이 확 보된 환경을 기준으로 한 것으로, 재배 환경에 따라 수확 시기는 달라집 니다.

'다농 20일 래디시' 종자는 연중 재배가 가능한 품종이고 본잎이 나오 면 포기 간격을 2~3cm 정도로 솎아주어야 합니다. 포기 사이를 넓혀주지 않으면, 뿌리가 비대해질 공간이 부족해 동그란 무가 아닌 길쭉한 모양으로 자랄 수 있습니다.

씨앗 심기(파종)

래디시 종자는 품종과 보관 상태에 따라 다소 차이가 있으나, 일반적으로 발아가 잘되는 편입니다. 제가 파종한 '다농 20일 래디시'는 발아율이 70% 이상이며, 포기 사이가 자라면서 넓어져야 동그랗고 예쁜 래디시를 수확할 수 있다고 종자 봉투에 적혀있습니다.

흙 파종(화분에 파종)

유리창에 네트망을 걸어 창가 텃밭을 만든 후 래디시를 파종했습니다. 파종 깊이는 약 0.5~1cm가 적당하며, 화분에 직파 시 씨앗은 최대한 듬성듬성 파종하는 것이 좋습니다. 파종 후 약 5~7일이 지나면 떡잎이 올라오기 시작합니다. 이때 생육 온도를 15~20℃ 범위로 유지해 주면 초기 생장이 매우 안정적으로 진행됩니다. 실제로 파종 6일 차가 되면 새싹이 1cm 이상 자랍니다.

모종 틀 파종

파종 8일 차 모종 틀 파종
2024. 08. 01.

모종 틀에 파종할 때도 하나의 홀(구)에 씨앗을 하나씩 심었습니다. 본래 뿌리 채소는 직파가 기본이지만, 이전에 직파로 수확에 실패했던 경험이 있어 이번에는 모종틀을 사용했습니다. 래디시는 서늘한 기후를 좋아하는데, 고온의 환경에 일조량까지 부족했던 탓인지 파종 8일 차에 새싹은 웃자람이 심하게 나타났습니다.

화분 정식

한여름에 파종해 웃자람이 생긴 래디시는 줄기를 흙으로 든든히 지지해주어야 합니다. 뿌리가 비대해질 때 흔들리지 않도록 안정성을 확보하고자 카페 플라스틱 컵을 재활용해 떡잎 아래까지 깊이 심어줍니다. 이전 재배에서 통풍의 중요함을 경험했기 때문에, 한 화분에 한 포기씩 정식했습니다.

래디시는 고온 조건에서 잎 생장은 촉진되고, 뿌리 비대는 상대적으로 억제되는 특성이 있어 여름철 재배 시에는 차광과 통풍 관리가 반드시 함께 이루어져야 합니다.

파종 18일 차에 정식을 마친 후 살펴보니 줄기 끝부분이 붉게 변하기 시작했습니다. 래디시의 붉은 뿌리는 줄기와 뿌리의 경계 부분인 '배축'이 비대해지는 것입니다. 웃자란 배축 부분을 흙으로 덮어주는 북주기는 뿌리 비대를 유도하는 데 매우 효과적입니다.

성장기 관리

물 주기

래디시는 토양이 바짝 건조한 상태에서 갑자기 물을 많이 주면, 뿌리 세포가 급격히 팽창하면서 표피가 압력을 견디지 못하고 터지는 뿌리 갈라짐이 발생합니다. 한 번에 과량을 주기보다 적정량을 규칙적으로 공급하는 세심한 물주기가 필요합니다.

흙과 화분

래디시는 짧은 기간 안에 뿌리를 키워내는 작물인 만큼 집약적인 양분이 필요합니다. 화분에 심을 흙에 지렁이 분변토를 10% 이상 섞어주

파종 66일 차 잎이 시든 래디시

면 생육에 큰 도움이 됩니다. 일조량이 부족한 실내에서 재배할 경우 30~60일 정도의 기간이 소요됩니다. 재배 기간이 길어질수록 래디시 아래 잎이 시드는 현상이 나타나는데, 발견 즉시 제거해야 곰팡이나 무름병 같은 병해를 예방할 수 있습니다.

수확

화분에 직파했던 래디시는 파종 22일 차에 잎이 10cm 이상 자랐습니다. 뿌리 쪽이 붉은색으로 변하기는 했으나 동그란 알맹이가 보이지 않아 기다렸고 결국 파종 31일 차에 수확했습니다. 하지만 기대와 달리 래디시 뿌리는 동그란 모양이 아닌, 마치 열무 뿌리처럼 길쭉한 형태였습니다. 본잎이 4장 이상이 되면 모종 사이를 6cm 정도 간격으로, 이후 한 번 더 10cm 이상으로 넓히며 과감하게 솎아주어야 한다는 사실을 실패 후에 알았습니다.

파종 22일 차 잎줄기가 약한 래디시

파종 31일 차 수확에 실패한 래디시

실내 환경에서 래디시를 20일 만에 수확하는 것은 불가능에 가까웠습니다. 이번에는 포기 사이를 충분히 벌려주고, 뿌리도 잘 자랄 수 있도록 한 화분에 한 포기씩만 심었습니다.

파종 80일 차, 오랜 기다림 끝에 마주한 래디시는 어느 정도 동그란 형태를 갖추고 본연의 붉은 빛을 띠고 있었습니다. 비록 노지보다 훨씬 긴 시간이 걸렸지만, 실내에서도 충분한 생육 기간과 적절한 공간만 확보해 준다면 래디시 고유의 모습을 볼 수 있습니다.

파종 80일 차 수확한 래디시

얇게 저며 샐러드 채소 위에 올린 래디시

4장

열매 채소

고추

고추는 가짓과에 속하는 작물로, 한국의 노지 환경에서는 겨울철 저온으로 인해 생육이 멈추기 때문에 보통 한해살이로 분류됩니다. 그러나 가정 내 베란다처럼 적절한 온도와 영양 공급이 뒷받침되는 환경에서는 줄기가 목질화되면서 2~3년 이상 지속적으로 열매를 맺습니다.

고추 종자의 적정 발아 온도는 28~30℃이며, 생육 온도는 주간 25~30℃, 야간 15~20℃로 따뜻한 환경이 가장 적합합니다. 고추는 파종 후 모종을 키우는 과정에서 2~3회까지 옮겨 심을 수 있습니다. 보통 파종 후 70~90일 간의 육묘 기간을 거쳐 본잎이 3장 정도 나오면 정식을 하고, 노지 재배 기준으로 개화 후 20~30일 전후면 수확이 가능합니다.

씨앗 심기(파종)

물 파종

'따고 또 따고 고추' 씨앗을 젖은 거즈 사이에 두고 비닐 지퍼백에 넣어 발아를 유도합니다. 동일한 조건에서 발아를 유도하더라도 어린뿌리가 나오는 시점과 떡잎이 나오는 속도는 개체별로 차이가 존재해, 씨앗마다 시간이 달라집니다. 4개의 씨앗 중 3개는 발아하여 유근이 나왔으나, 하나는 나오지 않아 계속 지퍼백 안에 보관하며 발아를 기다렸습니다.

발아 중인 지퍼백

물 파종 1일 차

12일 차 발아된 고추

발아가 늦은 고추

세 개의 발아된 싹을 화분에 심은 뒤 2주가 지나 지퍼백을 정리하던 중, 삐죽하게 나온 싹을 발견했습니다. 설마 하고 열어보니, 다른 씨앗보다 더디게 싹을 틔운 고추 새싹이 이미 떡잎까지 펼치고 있어 바로 화분에 심어주었습니다.

키친타월 사이로 나온 새싹

떡잎까지 자라있는 고추 새싹

키친타월 안의 고추 싹

펠릿 파종

고추처럼 발아율이 높고 씨앗이 큰 경우, 펠릿 1개당 씨앗 1개씩만 넣어 발아시키는 것이 건강한 모종을 기르는 데 유리합니다.

밀식 파종

밀식 파종은 작은 모종 화분에 여러 개의 씨앗을 심어 싹을 틔운 후, 가장 건강하고 튼튼한 개체만을 선별하여 키우는 방식입니다.

화분 정식

빨간 고추가 달린 모종을 구매하여 화분당 하나씩 정식했습니다. 정식을 마치고 살펴보니 고추 끝에 약제 흔적이 남아 있고, 열매와 잎에는 검은 점들이 많이 발생해 있었습니다. 시판 모종은 병해충 예방을 위해 약제가 처리 된 상태로 유통되는 경우가 많으며, 잎의 반점은 환경 스트레스나 생리장해, 혹은 초기 병해충의 흔적일 수 있어 정식 후 세심한 경과 관찰이 필요합니다.

구매한 채소 모종들

고추 모종을 정식한 모습

지퍼백 안에서 젖은 키친타월에 발아시킨 고추 새싹과 작은 화분에서 흙 파종으로 키운 모종을 정식했습니다. 흙 파종으로 키운 모종은 29일 차에 동일한 크기의 화분에 한 포기씩 옮겨 심었습니다. 지퍼백에서 발아시킨 고추 싹은 중형 화분에 세 포기를 삼각형 형태로 거리를 두어 나누어 심었으나, 안타깝게도 그중 한 포기는 고사했습니다. 한편, 다른 씨앗보다 보름 이상 늦게 발아한 늦둥이 고추 씨앗은 떡잎이 나와있어 바로 정식해 주었습니다.

흙 파종 29일 차 고추

물 파종 17일 차 고추 새싹

늦둥이로 발아된 고추 새싹

성장기 관리

물 주기

고추는 자라면서 잎의 크기와 개수도 늘어나는 만큼 수분 요구량도 함께 증가합니다. 고추는 뿌리가 얕게 분포해 건조에 민감하지만, 동시에 과습에도 취약합니다. 흙이 지나치게 습하면 뿌리 기능이 약해지고 역병 등 병해충 발생 위험이 커지므로, 규칙적인 물 주기와 더불어 통풍 관리가 무엇보다 중요합니다.

흙과 화분

고추를 키우며 정말 신기하고 흥미로웠던 것이 화분 크기와 고추의 전체적인 부피 사이의 상관관계였습니다. 분갈이 시기를 놓쳐 고추의 생육 속도보다 작은 화분에 재배할 경우, 고추는 전체적으로 작은 수형을 유지하며 자랍니다. 제한된 공간 안에서 뿌리가 충분히 뻗지 못하면 수분과 양분 흡수가 제한되어, 결국 지상부 생장까지 함께 억제되기 때문입니다.

펠릿과 화분 환경에 따른 고추의 성장과 한 주의 크기

제때 분갈이를 해준 고추와 여전히 작은 화분(펠릿)에서 자란 고추의 차이는 확연합니다. 동일한 조건에서 발아했음에도 불구하고, 한 주(고추를 세는 표준 단위)는 시기에 맞춰 큰 화분으로 옮겨 심었고, 나머지 한 주는 여유 화분이 없어 펠릿 상태에서 자라게 한 결과입니다. 이러한 생장 차이는 식물의 발달 단계에 맞춘 적절한 분갈이가 왜 중요한지 여실히 보여줍니다.

분갈이

고추를 재배하다 보면 어느 시점부터 생육 속도가 급격히 빨라집니다. 이 시기에는 고춧잎 한 장의 면적이 커지고, 줄기의 길이도 늘어나면서 고추 한 주의 전체적인 부피가 커집니다. 고추 크기에 비해 화분이 작게 느껴진다면, 큰 화분으로 옮겨주는 분갈이가 필요합니다.

분갈이 시기를 놓친 고추 비교

화분이 작으면 뿌리가 식물을 충분히 지지하지 못해, 열매가 열리기 시작할 때 무게 중심이 흔들리며 안정성이 떨어집니다. 또한 꽃을 피우고 열매를 맺기 위한 양분 공급도 턱없이 부족해집니다. 같은 날 발아한 고추임에도 제때 분갈이를 해주지 못한 개체는 잎의 크기만 기형적으로 커지거나 마디 사이가 짧게 자라는 등 생육 불균형이 보였습니다. 분갈이 시기가 한 달 이상 늦어지면서 나타난 생장 억제 현상이라고 볼 수 있습니다.

잎 정리 및 곁순 제거

꽃이 피기 시작하는 생식생장기에 접어들면, 아래쪽 잎과 곁순을 정리해 통풍과 채광을 개선해 주어야 합니다. 잎이 무성하면 영양분이 잎으로 분산되어 정작 열매에 가야 할 양분이 부족해지므로, 하단의 잎들을 주기적으로 정리해줍니다.

특히 병해충에 노출되었던 모종은 흔적이 남은 잎과 열매 등은 최대한 제거합니다. 이후 새로 나오는 잎에서도 이상 징후가 발견되면 즉시 제거하며 관리합니다.

감염되었던 잎과 열매를 모두 제거한 고추

따고 또 따고
고추 릴스

영양(비료, 거름)

고추는 꽃이 피고 열매를 지속적으로 맺는 생육 후기에 접어들면 활성도가 떨어질 수 있습니다. 이 시기에는 고추 열매가 짧아지고, 수량이 줄어들 수 있습니다. 이 시기에는 충분한 물 주기와 영양 공급이 필요합니다.

병해충 관리

가정에서 채소를 키울 때 모종 구매를 기피하게 된 결정적인 계기는 바로 고추였습니다. 정식 후 살펴보니 고춧잎과 열매에 검은 점박이 형태의 점들이 많이 발견되었고, 열매의 모양도 비정상적이며 새로 나오는 잎의 모양도 쭈글쭈글하게 변형되어 있었습니다.

즉시 농촌진흥청과 각 지자체 농업기술센터의 고추 농법과 병해충 방제 지침과 학술 논문들을 찾아본 결과, 세균성 병해 또는 바이러스 감염으로 추정되었습니다. 전염성이 강해 함께 심은 다른 모종들과 사용했던 흙과 도구들을 모두 폐기하고, 화분과 식물이 있던 전체 공간을 소독해야 하는 상황이었습니다. 소독은 대부분의 지침에서는 농약 또는 차아염소산나트륨(락스 성분) 희석액을 이용한 방법을 권장하고 있었습니다.

모종 판매처에 연락하니 세균에 감염된 것을 알았지만 약품 처리를 해 괜찮을 것 같아 판매했다고 답변했습니다. 저의 직업적 경험을 바탕으로 시중의 농약과 소독제의 약리 기전들을 대조해 보고 에탄올이나 차아염소산나트륨보다 더욱 종합적인 솔루션이 필요하다고 판단했습니다.

차아염소산나트륨은 강력한 살균제이고, 알코올은 단백질 변성 및 세포막 파괴 기전을 통해 바이러스와 세균에 신속한 사멸 효과를 나타냅니다. 집에 락스와 소독용 에탄올 83%도 있었지만, 최종적으로 일반 의약품인 헥사메딘을 선택했습니다.

바이러스와 세균에 있어서 알코올만큼 강력한 살균 성분 중 하나가 클로르헥시딘(Chlorhexidine) 입니다. 헥사메딘의 주성분인 클로르헥시딘은 세균의 세포벽에 결합한 후 세포막을 파괴하여 삼투압 조절을 방해함으로써 세균을 사멸시키는 강력한 광범위 살균제로, 식물을 공격한 그람 음성균에도 충분히 유효할 것으로 판단했습니다. 부형제로 함유된 농글리세린은 전착제 역할을 하고, 손 소독용 에탄올 83%를 뿌려 소독할까도 생각했었기에 나쁘지 않았습니다.

홈가드닝 시 해충이나 곰팡이병이 생기면 천연 퇴치제로 주방세제(계면활성제)와 마요네즈를 섞어서 뿌려 두기도 하는데, 가글액에도 당연히 계면활성제는 함유되어 있으니 종합 선물 세트 같았습니다. 감염된 증상을 보이는 잎과 열매는 모두 제거 후 소독용 가글을 분무기로 하루에 한 번씩 사흘을 도포해 주고, 일주일에 한두 번 물 주기를 하고 기다렸더니 고추 줄기에서는 다시 작은 새잎이 나오기 시작했습니다.

위 방법은 공식적인 농업 방제 지침은 아니지만 작물을 폐기해야 하는 극한의 상황에서 진행한 개인적인 사례입니다. 일반 의약품을 식물에 적용하는 것은 그 효과와 안전성이 객관적으로 검증되지 않았으므로, 실제 재배 시에는 반드시 공식 방제 지침을 따르시기 바랍니다.

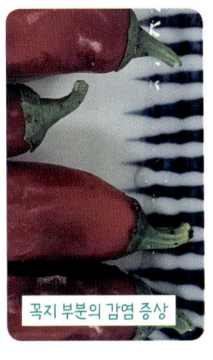
꼭지 부분의 감염 증상

감염된 모종의 고추

열매 끝 약품의 흔적

고춧잎의 감염 증상

수확

고추는 수확 적기를 놓치면 아삭함이 떨어지고, 다음 착과(과실나무에 열매가 열림)에도 영향을 줄 수 있으므로, 개화 후 20~30일 전후에 수확합니다. 열매를 수확하면서 잎도 함께 정리하면, 고춧잎무침이나 고춧잎볶음으로 활용할 수 있습니다. 가지치기한 가지를 물에 담가 두면 뿌리를 내리기도 하는데, 이는 고추의 영양 번식 방법 중 하나입니다. 다만 성공률은 환경에 따라 다를 수 있습니다.

수확 전 고추들

수확된 고추

고추 수확 릴스

K-푸드 레시피

　불닭볶음면, 신라면, 떡볶이, 김치 등과 더불어 한국인의 식탁에서 고추는 단순한 '매운맛'을 넘어 한국의 문화이자 이제는 세계인의 사랑을 받는 K-푸드의 당당한 주인공이 되었습니다. 풋고추의 아삭함과 청량미는 입안의 침샘을 자극하고, 새빨갛게 익은 고추의 묵직한 매운맛은 엔도르핀 분비를 유도하여 지친 일상에 기분 전환과 쾌감을 선사합니다.

고춧잎무침

[재료] 고춧잎 200g, 데침용 소금 2g(1/2작은술)

[양념] 마늘 5g(1작은술), 고춧가루 2g(1작은술), 된장 5g(1작은술), 고추장 5g(1작은술), 매실청 15㎖(1큰술), 들기름 15㎖(1큰술), 통깨 2g(1작은술)

[만드는 방법]

1. 끓는 물에 소금 2g을 넣고 고춧잎을 1분간 데칩니다.

2. 데친 고춧잎은 즉시 찬물에 2~3번 헹궈 물기는 손으로 꽉 짭니다.

3. 믹싱볼에 고춧잎을 넣고, 들기름과 통깨를 제외한 모든 양념을 넣어 먼저 조물조물 무칩니다.

4. 마지막에 들기름과 통깨를 넣어 잘 섞어 완성합니다.

수확한 고춧잎

세척 중인 고춧잎

데쳐 낸 고춧잎

양념 올린 고춧잎

완성된 고춧잎무침

Tip 고춧잎 데칠 때 소금을 넣으면 선명한 색감을 유지할 수 있습니다. 데치는 시간이 1분을 넘어가면 수용성 비타민 C가 물로 용출되고 식감 또한 물러집니다. 데친 후 즉시 찬물에 헹구면 잔열로 인한 갈변을 막아 초록색을 유지할 수 있습니다. 들기름은 간이 충분히 밴 후 마지막에 넣어야 풍미가 고루 배어듭니다.

고추참치마요 와사비

[재료] 참치 통조림(135g) 2개, 청양고추 6개

[양념] 마요네즈 45㎖(3큰술), 와사비 20g

      * 선택: 다진 마늘 3g(1작은술), 간장 5g(1작은술)

[만드는 방법]

1. 참치 통조림의 기름은 체에 밭쳐 누르거나 캔 안에서 숟가락으로 눌러 제거합니다.

2. 청양고추는 세척 후 물기를 제거하고, 세로로 4등분 후 잘게 다집니다.

3. 와사비 20g과 마요네즈 45㎖를 섞고, 다진 고추와 참치를 넣어 고르게 섞어 완성합니다.

* 기호에 따라 다진 마늘 3g(1작은술), 간장 5g(1작은술)을 추가할 수 있습니다.

기름기를 뺀 참치 위에 자른 고추와 와사비

마요네즈를 섞기 전 모습

딱딱하지 않은 멸치 고추볶음

[재료] 세세멸(작은 볶음 멸치) 500g, 청양고추 15개(200g)

[양념] 아보카도유 200㎖, 멸치액젓 45㎖(3큰술), 설탕 25g(2큰술), 통깨 2g(1작은술)

[만드는 방법]

1. 세세멸 500g을 세척 볼에 담아 세척 후 채반에서 물기를 제거합니다.

2. 청양고추 15개는 세척 후 물기를 제거 후 0.5cm 간격으로 동그랗게 썰어 준비합니다.

3. 달궈진 프라이팬에 물기를 제거한 세세멸 500g을 기름 없이 10분 간 중불에 볶아 비린내를 휘발시키고, 볶은 멸치는 체에 받쳐 가루를 털어 내고 식힙니다. 팬에 남은 잔 가루는 제거합니다.

4. 팬을 깨끗하게 닦은 다음, 기름 50㎖를 두른 뒤 썰어둔 고추를 넣고 볶다가 숨이 살짝 죽으면 멸치액젓 15㎖를 넣어 볶습니다.

5. 볶아 놓은 고추와 멸치를 아보카도유 (100~150㎖ 조절)을 넣고 볶아줍니다.

6. 멸치의 색이 노랗게 변화면서 잘 볶아지면 멸치액젓 15㎖(1큰술)를 넣고 다시 한번 볶아줍니다(액젓은 염도가 높아, 15㎖씩 3회 분할로 2회 넣고 맛을 본 후 간을 조절합니다).

7. 불을 약하게 낮추고 설탕과 통깨를 넣어 짧게 한 번 더 볶아 완성합니다.

볶아진 청양고추 15개

볶아 놓은 멸치와 청양고추 볶음

설탕 뿌린 멸치 청양고추 볶음

완성되어 반찬통에 넣어 놓은 모습

Tip 멸치는 세척하는 과정에서 염분이 빠져나가는 정도가 저마다 다를 수 있습니다. 마지막 간을 맞출 때는 액젓을 한꺼번에 넣지 말고, 반 스푼씩 넣으며 본인의 입맛에 맞게 조절하는 것을 추천합니다.

고기와 함께 먹는 고추 양파 절임

[재료] 양파 3개, 고추 6개, (선택) 마늘 5쪽

[절임 물] 물 450㎖, 간장 45㎖, 식초 45㎖ (물:간장:식초 10:1:1 비율)

[만드는 방법]

1. 양파는 세척 후 3~5mm 두께로 썰어 준비합니다.

2. 고추도 동일한 두께로 동그랗게 썰어 둡니다.

3. 저장 용기에 양파와 고추를 담고 절임 물을 부어 냉장 보관을 합니다(자극적이지
   않고 심심한 수준의 양파 고추절임입니다).

양파 고추 절임

적양파와 편 마늘을 넣은 양파 고추 절임

Tip 바로 먹을 수 있고, 냉장고에 넣어 두면 일주일 이상 먹을 수 있습니다.

오이

오이는 여름철 대표 채소로, 아삭한 식감과 청량한 맛이 특징입니다. 생으로 먹거나 오이소박이, 오이냉국, 오이무침 등 다양한 한국 요리에 활용됩니다. 수분 함량이 95% 이상으로 여름철 수분 보충에 좋고, 열량이 낮아 다이어트 식품으로도 인기가 많습니다.

오이는 한해살이 덩굴식물로 원산지는 인도입니다. 덩굴손으로 지지대를 감아 올라가며 자라고, 노란 꽃이 잎겨드랑이에서 핍니다. 오이의 적정 발아온도는 22~25℃이며, 생육 적정온도는 주간 22~28℃, 야간 15~18℃입니다. 35℃ 이상의 고온이나 5℃ 이하의 저온에서는 생육이 중지됩니다. 일조량이 부족하면 과실의 형태가 이상해지는 발생 빈도가 증가합니다.

파종 후 30~40일 간 육묘하며, 본잎이 3~4장 나오면 정식합니다. 개화 후 수확까지 고온기에는 7~10일, 저온기에는 12~20일이 소요됩니다.

'주렁주렁 오이'라는 종자는 암꽃만 발생하게 개량된 극조생 품종으로 잎이 작고 초기성장이 빠른 특성을 보입니다. 과실의 길이는 17~19cm 이며, 짧은 기간에 많은 오이를 수확할 수 있어 홈가드닝에 적합한 품종입니다.

씨앗 심기(파종)

물 파종

'주렁주렁 오이' 씨앗을 젖은 키친타월 위에 올려 물 파종하였습니다. 파종 2일 차에는 뿌리의 꼬리(유근)가 나오는 것이 보이고, 3일 차에는 뿌리가 씨앗의 길이보다 길게 자랍니다.

물 파종 1일 차 오이 씨앗   물 파종 2일 차 오이 씨앗   물 파종 3일 차 오이 씨앗

모종 포트 트레이 파종

모종 포트에 파종한 오이 씨앗은 4일 차에 줄기가 3cm 이상 자라며 떡잎이 나옵니다. 초기 생육 속도가 빠른 작물임을 다시 한번 확인할 수 있었습니다.

모종 포트에 파종한 오이

파종 4일 차 오이 새싹

흙 파종

화분에 직파하니 파종 2일 차에 새싹의 줄기가 흙 밖으로 나옵니다. 6일 차에는 콩나물과 비슷한 모양의 줄기와 떡잎 전 단계의 새싹이 보입니다. 9일 차에는 연두빛 떡잎이 흙 위로 길이가 2cm 이상 자랍니다.

오이 씨앗 파종

파종 6일 차 오이 새싹

파종 7일 차 오이 새싹

파종 9일 차 오이 떡잎

화분 정식

키친타월 위에서 물 파종 시작한 지 3일 차에 유근이 나온 오이 씨앗을 화분에 정식하였으며, 정식 후 6일 차에 새싹에서 연두빛 떡잎이 되었습니다. 정식 후 7일 차에는 하룻밤 사이에 떡잎이 손톱보다 크게 벌어지고 줄기 길이도 두 배가 되었습니다.

파종 9일 차/정식 6일 차 오이 새싹

파종 10일 차/정식 7일 차 떡잎이 벌어진 오이 새싹

성장기 관리

물 주기

오이는 수분을 많이 필요로 하는 작물이지만, 과습 시에는 뿌리가 썩을 수가 있으므로 잎이 밑으로 쳐지거나 화분의 흙이 마른 것을 확인한 후 물을 줍니다.

흙과 화분

오이는 생육 기간이 짧아 밑거름이 많이 필요하므로, 상토에 지렁이 분변토를 10~15% 섞어 심어줍니다. 어린 모종을 큰 화분에 심느라 공간을 낭비할 필요는 없으므로 파종 후 보름 정도는 작은 화분에서 재배할 수 있습니다. 본잎이 3~4장 이상 나오면 큰 화분으로 분갈이를 해줍니다.

영양(비료, 거름)

큰 열매를 짧은 기간 동안 생산하기 때문에 영양 공급이 충분해야 합니다. 영양 부족 시에는 열매의 끝부분이 뾰족하게 자랄 수 있습니다. 물을 줄 때 액체 비료를 희석해 주 2회 이상 공급하고, 한 달에 한 번은 웃거름을 줍니다.

분갈이

　본잎이 3~4장 이상 되면 곧 덩굴이 나오고 꽃대가 생기며 열매가 열릴 준비를 하게 되므로 분갈이가 필요합니다. 파종 20일 차가 되면 본잎이 3장 정도 보입니다. 분갈이 시 밑거름은 충분히 주고, 병해충 피해를 막기 위해 흙 위에 '총진싹' 한 스푼도 뿌려줍니다.

파종 20일 차 분갈이 후 오이 모습

분갈이 후 3일 차 오이

지주 세우기

끈을 타고 올라가는 오이

　오이는 덩굴이 올라갈 수 있게 지지대를 세워줘야 하는데, 베란다에서 키울 때는 천장에 줄을 묶어 아래로 내려 이를 타고 올라가게 만들면 공간을 적게 차지합니다. 덩굴손이 나오면 줄에 살살 돌려 감아주는데, 그다음부터는 알아서 줄을 타고 올라가며 자랍니다. 덩굴이 자라며 지저분한 것이 싫으면, 줄에 끈으로 묶어 유인하며 키울 수도 있습니다.

인공수분 및 열매 관리

오이는 인공수분이 필요 없으며, 노란 암꽃이 핀 뒤에 꽃 아래의 길쭉한 씨방이 커지면서 열매가 자랍니다. 꽃이 피고 15일 정도 지나면 꽃 뒤에 있던 씨방이 손바닥 길이 정도로 자라 오이의 모습을 갖춰 갑니다. 이때 꽃 아래에 있던 씨방이 커지면서, 마치 오이 끝에 꽃이 달린 듯한 모습으로 변합니다.

노란 꽃 뒤에 씨방이 자라는 오이

마디마다 꽃이 핀 오이

오이 끝에 달린 노란 오이꽃

수확

보통 17~19cm까지 자라는 품종이지만, 실내에서 재배할 때는 50% 정도 자랐을 때 수확하는 것이 싱싱하고 연한 오이를 먹을 수 있습니다. 오이는 수확 시기가 늦어지면 오이 안에 씨가 커지면서 식감이 푸석해집니다.

오이 성장 릴스

두 개의 줄기에서 자라는 오이

수확할 때가 무르익은 오이

K-푸드 레시피

오이는 한국 식문화에서는 생채, 무침, 김치, 고명 등 다양한 형태로 활용되어 왔습니다. 강한 가열 조리보다는 절임이나 무침과 같이 조직 구조를 유지하는 조리법이 일반적이며, 오이의 수분감과 청량한 풍미를 살리는 방식으로 활용됩니다.

오이 미역 초무침

[재료] 오이 2개(200g), 양파 2개(200g), 마른미역 50g

[양념] 고추장 8g(1큰술), 고춧가루 16g(2큰술), 식초 75㎖(5큰술), 소금 5g(1작은술),
　　　 설탕 8g(1/2큰술)

[만드는 방법]

1. 오이는 양 끝을 각각 2cm씩 잘라내고 반으로 가른 뒤, 숟가락으로 씨 부분을 긁어낸 뒤 5mm 두께로 어슷하게 썹니다.

2. 양파는 오이와 비슷한 두께로 썰어줍니다.

3. 오이와 양파에 소금 5g과 식초 30㎖를 넣어 30분 간 절입니다.

4. 오이와 양파가 절여지는 동안 마른미역 50g을 끓는 물에 5분 간 데친 뒤 찬물에 헹궈 물기를 짭니다.

5. 절여진 오이와 양파는 탈수기를 이용해 물기를 제거하고, 미역도 함께 물기를 제거합니다.

6. 믹싱볼에 오이, 양파, 미역을 넣고, 식초 45㎖(3큰술), 설탕 8g(1큰술)을 넣고 잘 버무려줍니다. 이 단계까지는 맵지 않은 오이 미역 초무침입니다.

7. 양념한 재료의 1/3을 덜어 별도로 보관합니다(여름철 물냉면, 비빔국수, 비빔냉면 위에 고명으로도 활용할 수 있습니다).

8. 나머지 2/3의 재료에 고추장 8g(1/2큰술), 고춧가루 16g(2큰술)을 넣고 잘 섞어주면 완성입니다. 이처럼 소분하여 활용하면 매운맛, 순한맛 두 가지 오이 미역 초무침을 즐길 수 있습니다.

맵지 않은 미역 오이 초무침

매콤 미역 오이 초무침

오이 부추무침

[재료] 오이 1개, 부추 10줄기, 양파 1/2개

[양념] 고추장 5g(1작은술), 고춧가루 2.5g(1/2작은술), 설탕5g(1작은술, 매실액
15㎖로 대체 가능), 통깨 3g(1/2작은술), 소금 2.5g(1/2작은술), 식초 15㎖
(1큰술)

[만드는 방법]

1. 오이는 세척 후 양쪽 끝은 2cm씩 잘라내고, 반으로 가른 뒤 어슷썰기를 합니다.

2. 양파는 오이와 같은 두께로 채 썹니다.

3. 부추는 3cm 길이로 자른 후 믹싱볼에 오이와 양파와 함께 담습니다.

4. 고추장, 고춧가루, 설탕, 소금, 식초를 넣고 잘 버무립니다.

5. 마지막에 통깨를 넣어 완성합니다.

오이, 부추, 양파를 넣은 믹싱볼

완성된 오이 부추무침

오이 깍두기

[재료] 오이 2개, 소금 15g(1큰술), 설탕 15g(1큰술)

[양념] 고춧가루 16g(2큰술), 다진 마늘 15g(1큰술), 멸치액젓 30㎖(2큰술), 매실
액 15㎖(1큰술), 통깨 약간

[만드는 방법]

1. 오이는 양 끝을 2cm씩 잘라내고 반으로 가른 뒤, 1cm 길이로 썰어줍니다.

2. 소금과 설탕을 섞어 20분 절인 뒤, 찬물에 헹궈 물기를 빼줍니다.

3. 물기 뺀 오이를 믹싱볼에 넣고 양념을 모두 넣은 뒤 잘 버무려주면 완성입니다.

소금과 설탕에 절인 오이

양념하기 전 오이

양념을 모두 버무린 오이

완성된 오이깍두기

오이채 활용하기

한여름 물냉면과 콩국수에 오이채를 곁들이면 아삭한 식감과 시원한 청량감을 즐길 수 있습니다. 오이는 저열량 식품이므로 김밥을 만들 때 생오이채를 속 재료로 가득 넣으면 수분 섭취는 물론 한 끼 열량을 낮추는데 도움이 됩니다.

다이어트가 절실한 순간이 오면 밥대신 라이스 페이퍼 위에 생오이와 닭가슴살, 계란말이, 미나리를 올려 생오이채 롤을 만들어 먹으면 열량 섭취를 줄일 수 있습니다. 생오이채가 매번 귀찮으면 채 썬 오이(2개 기준)에 소금 5g(1작은술), 설탕 4g(1작은술), 레몬즙 10㎖(2작은술)를 넣고 살짝 절여 두십시오, 보관이 용이하고 생오이채와 같이 활용할 수 있습니다.

콩국수 위에 오이채 곁들이기

물냉면 위에 오이채 곁들이기

짜장 라면 위에 생오이채 곁들이기

생오이채 가득한 김밥

생오이채 닭가슴살 롤

오이채 절임

방울토마토

홈가드닝에서 열매를 맺고 익어가는 과정을 지켜보며 즐거움을 주는 식물 중 하나가 방울토마토입니다. 방울토마토는 품종에 따라 작은 화분에서 포도송이처럼 자라는 것부터 크기가 조금 더 크게 자라는 대추방울토마토까지 다양한 종자를 선택해서 재배할 수 있습니다.

방울토마토가 자라기 좋은 온도는 17~27℃입니다. 13℃ 이하이거나 33℃ 이상이면 생육에 장해가 발생합니다. 극고온과 저온에서는 성장이 어렵지만, 실내에서는 죽은 줄 알았던 방울토마토가 겨울을 무사히 나고 봄에 다시 꽃대를 올리기도 할 만큼 생명력이 강합니다.

씨앗 심기(파종)

물 파종

마트에서 구매한 방울토마토를 반으로 갈라 씨앗을 분리한 뒤, 젖은 키친타월 위에 올려두면 일주일 내(4~5일)에 싹이 틉니다. 발아 적정 온도는 25~30℃이며, 이 온도 범위에서 발아가 가장 빠르게 진행됩니다.

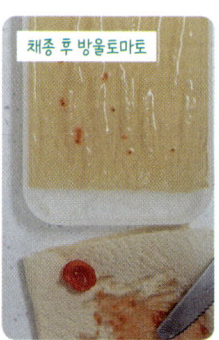

모종 포트 트레이 발아

방울토마토 모종을 만들기 위해 모종 트레이에 파종합니다. 파종 5일 차에 대추 방울토마토와 노랑방울토마토를 파종한 홀(구)에서 목이 길게 웃자란 새싹이 하나씩 올라옵니다. 파종 8일 차에는 노랑방울토마토와 대추방울토마토의 싹에서 본잎이 나올 새순이 보이기 시작합니다. 반면 다이소에서 구매했던 방울토마토는 대추방울토마토와 노랑 방울토마토 보다는 작고 느리게 발아해 떡잎을 틔웁니다.

파종 10일 차 다이소 표 방울토마토는 새로운 싹이 하나 더 올라오고, 먼저 나온 싹에서는 본잎이 나올 준비를 합니다. 파종 20일 차에는 다이소 표 방울토마토는 4개의 새싹에서 모두 본잎이 2장 이상 나오며 안정적으로 자라고 있습니다. 방울토마토는 본잎이 3~4장일 때까지는 생육이 느린 편이지만, 그 이후에는 일반 토마토보다 빠르게 자랍니다.

파종 1일 차 마트 대추방울토마토와 노랑방울토마토

파종 5일 차 마트 대추방울토마토와 노랑방울토마토

파종 8일 차 다이소 방울토마토

파종 20일 차 본잎이 다 나온 다이소 방울토마토

화분 정식

씨앗부터 파종해 새싹이 나오고 본잎이 2장 이상 나오면 화분에 정식합니다. 파종 20일 차에 한 화분에 한 주(포기)씩 심어줍니다. 본잎이 2~3장 나오는 시기에는 뿌리가 아직 어려, 옮겨 심었을 때 활착이 비교적 빠릅니다.

파종 20일 차 화분에 정식하는 방울토마토

한 화분에 하나씩 정식해 준 모습

정식한지 17일 차(파종 37일 차)

정식한지 23일 차(파종 43일 차)

파종 44일 차에 정식해준 방울토마토

성장기 관리

물 주기

　방울토마토는 꽃이 피고 열매가 달리기 시작하면 물을 많이 필요로 합니다. 정해진 날짜에 주기보다는 화분의 흙이 마르는 정도를 확인한 뒤 물을 주는 것이 좋습니다. 이 시기에 방울토마토는 생육 환경에 따라 한 주당 하루 1~2ℓ의 물을 흡수하기도하며, 수확기에 수분이 과다하면 열과 (열매 터짐) 현상이 발생하고 단맛이 떨어집니다.

흙과 화분

너무 작은 화분에 재배하면, 일정 수준까지는 생장하지만, 뿌리 발달이 제한되어 더 이상 자라지 못하고 왜소한 상태에서 열매만 맺는 경우가 생깁니다. 열매를 맺기 시작하면 열매의 무게를 견딜 수 있도록 충분한 크기의 화분으로 옮겨 심어야 하며, 식물을 든든하게 지탱할 수 있도록 충분한 양의 흙을 채워 분갈이를 해줘야 합니다.

분갈이

꽃대가 생기고 방울토마토가 본격적으로 열매 맺을 준비를 시작하면, 더 큰 화분으로 분갈이해 줍니다. 분갈이 시에는 흙에 밑거름을 충분히 섞어주고(지렁이 분변토 10%) 성장을 돕기 위한 웃거름도 함께 줍니다.

파종 64일 차 꽃대 생김

파종 74일 차 방울토마토

파종 84일 차에 분갈이 해준 방울토마토

영양(비료, 거름)

방울토마토는 꽃이 피기 시작하면 생육 속도가 급격하게 빨라지므로 3~4주에 한 번씩 웃거름을 주고, 주 2회 이상 액체 비료를 희석하여 물을 줍니다. 개화기와 착과기에는 질소와 칼륨의 수요가 증가하는 경향이 있으므로 적절한 영양 관리가 필수적입니다.

순자르기

방울토마토는 성장세가 매우 강해 원줄기와 잎줄기 사이마다 새로운 줄기인 곁순이 끊임없이 나옵니다. 이를 그대로 두면 영양이 분산되므로 수시로 제거해 주는 것이 좋습니다. 곁순은 원줄기와 잎줄기 사이의 V자 모양 겨드랑이(엽액)에서 약 45도 각도로 삐죽이 나오는 새순을 말합니다. 크기가 작을 때는 손으로 잡고 옆으로 살짝 젖히면 쉽게 떨어지지만, 이미 굵어졌을 때는 소독된 가위를 이용해 깔끔하게 잘라내야 세균 감염을 막을 수 있습니다. 또한 제거 부위가 햇볕에 건조되어 자연 치유될 시간을 확보할 수 있도록 곁순 제거는 가급적 맑은 날 오전에 하는 것이 좋습니다.

잎줄기

곁순

잎줄기

곁순 제거: 영양 분산 방지 및 통풍 확보

Tip 떼어낸 곁순을 물에 꽂아두면(물꽂이) 뿌리를 내려 어엿한 한 개체로 자라납니다. 판매 목적이 아닌 홈가드닝에서는 필요에 따라 곁순을 제거하지 않고 키우거나, 이처럼 번식용으로 활용하기도 합니다.

곁순을 제거해 물꽂이한 방울토마토

줄기 끝에서 잔뿌리가 나오기 시작

곁순을 잘라내 물꽂이 1주일 차

잘라낸 곁순에서 나온 뿌리

방울토마토
물꽂이 릴스

지주대 세우기

지지대를 세워주는 것은 방울토마토 재배의 중요 과정 중 하나입니다. 열매가 포도송이처럼 줄기마다 모여 달리기 때문에 그 무게를 견딜 수 있는 지주대가 반드시 필요합니다. 지주대를 설치하지 않으면 식물이 열매의 무게를 이기지 못해 한쪽으로 휘어지거나 줄기가 꺾여 쓰러질 수 있습니다.

너무 작은 지주대로 휘어짐

지주대 제거 시 기울어지는 토마토

지주대 설치 후 토마토

인공 수분 & 열매 관리

방울토마토는 통풍만 잘되면 인공적으로 수분을 도와주지 않아도 열매가 잘 맺힙니다. 꽃이 피기 시작하면 주변의 곁순이나 새순을 정리해 영양분이 꽃과 열매로 집중되도록 해야 합니다. 열매가 자라면서 필요한 영양 요구량이 늘어나므로, 2주에 한 번씩 웃거름 주는 것이 좋습니다.

방울토마토 꽃

포도처럼 달린 앉은뱅이 방울토마토

한 줄기에 여러 개의 열매가 달리는 방울토마토

수확

홈가드닝의 묘미는 필요할 때마다 신선한 방울토마토를 직접 따 먹는 것입니다. 다만, 열매가 익은 채로 너무 오래 두면 저절로 떨어지거나 껍질이 터지는 열과 현상이 발생할 수 있으므로, 가장 신선할 적기에 수확하는 것을 권장합니다.

열매가 달린 한겨울 실내에서 재배하는 방울토마토

실내에서도 빨갛게 익어가는 방울토마토. 낙과도 생김

손으로 수확 중인 방울토마토

수확해 놓은 방울토마토

수확해 놓은 노랑방울토마토

줄기채 수확한 빨간 대추방울토마토

K-푸드 레시피

냉동 피자와 방울토마토

간편하게 즐기는 인스턴트 냉동 피자 위에 직접 키운 방울토마토를 올리면 근사한 피자로 변신합니다. 방울토마토를 반으로 잘라 피자 함께 구워내면 더욱 풍성한 맛을 느낄 수 있습니다. 이때 실내 텃밭에서 재배 중인 파프리카를 한두 개 함께 곁들이면 풍미가 더욱 좋아집니다.

[만드는 방법]
1. 방울토마토 10개를 반으로 잘라 조리 전 냉동 피자 위에 올립니다(취향에 따라 파프리카, 어린 당근 등을 잘라 함께 올려도 좋습니다).
2. 냉동 피자는 제품의 권장 시간과 온도에 맞춰 오븐 또는 에어프라이어에서 조리합니다(기기를 충분히 예열 후 구우면 더 맛있습니다).

냉동 피자 위에 올린 파프리카와 방울토마토

오븐에 구워낸 냉동 피자 모습

Tip 오븐이나 에어프라이어의 열기가 토마토의 수분을 적당히 날려 풍미가 깊어지고, 치즈의 지방 성분이 토마토 속 라이코펜 등 지용성 영양소의 흡수를 도와줍니다.

Tip 일상에서 방울토마토의 영양 흡수율을 가장 높이는 방법은 고기를 구울 때 함께 구워 먹는 것입니다. 심혈관 건강에 도움을 주는 토마토의 붉은 성분인 라이코펜(Lycopene)은 기름과 함께 조리할 때 체내 흡수율이 높아집니다.

고기와 함께 구운 방울토마토와 한식 밥상

스테이크와 방울토마토 구이

FACT CHECK O/X

Q. 방울토마토는 일반 큰 토마토보다 영양이 부족하다? (X)

A. 같은 무게(100g)로 비교하면, 방울토마토는 일반 토마토보다 베타카로틴과 비타민 A를 약 1.9배 더 많이 함유 있으며, 칼슘과 마그네슘 등의 주요 영양소 함량도 더 높습니다. 특히 전체 면적 중 껍질이 차지하는 비율이 높은 만큼, 껍질에 풍부한 항산화 물질인 플라보노이드를 훨씬 더 많이 섭취할 수 있다는 것이 큰 장점입니다.

딸기

'탐스럽다'라는 형용사를 많이 사용하게 되는 과일 중 하나가 딸기입니다. 동그랗고 통통하게 과육이 차오른 상태에서 빨갛게 익어 반짝이는 딸기의 모습은 참으로 매력적입니다. 이러한 딸기를 베란다에서 직접 키워 수확하는 즐거움은 딸기를 선택한 '식집사'들만이 누릴 수 있는 특권입니다.

씨앗 심기(파종)

펠릿 파종

가을 무렵, 딸기를 키워보고 싶은 마음에 씨앗을 펠릿에 파종했지만 결국 싹을 틔우지 못했습니다. 이 실패를 통해 알게 된 사실은 딸기는 씨앗부터 키우기 매우 까다로운 식물이라는 점입니다. 딸기를 씨앗으로 심을 경우 발아율이 낮을 뿐만 아니라. 어미 모종의 우수한 형질인 맛과 크기가 그대로 유전되지 않는 특성이 있습니다. 그 때문에 딸기는 어미 모종에서 뻗어 나온 줄기인 '런너(Runner)'를 통해 어미 모종과 유전적으로 동일한 자묘(새끼 모종)를 얻는 '영양번식' 방식이 표준적으로 사용됩니다.

3일째 싹이 나지 않은 딸기씨

화분 정식

이후 1월, 큼직한 '킹스베리' 모종을 들였으나 배송 중 꽃대가 꺾여 부러지기 직전인 상태로 도착했습니다. 아까운 마음에 부러진 부위를 밴드로 고정해 심어보았지만 상태는 점점 악화되었습니다. 식물은 줄기가 꺾이면 물과 양분을 운반하는 관다발 조직이 손상되어 정상적인 대사가 불가능해지며, 상처 부위로 병원균이 침입하기 쉬워 회복이 매우 힘들어집니다.

모종을 잘 골라야 딸기 재배에 성공한다는 것은 잘 알지만, 온라인 구입 시 모종의 상태를 미리 파악하기란 정말 어렵습니다. 수많은 리뷰와 평점을 꼼꼼히 참고해 선택했음에도 불구하고, 첫 번째 모종은 결국 고사했습니다.

정식해 놓은 킹스베리 딸기 모종

수개월 전에 예약해 두었던 '설향' 딸기와 '고슬' 딸기의 모종이 안전하게 도착하여 세 번째 도전에 나섰습니다. 그동안의 실패 원인을 과

고슬 딸기 모종 행잉

습으로 판단하여, 이번에는 통풍을 극대화하기 위해 행잉 화분을 선택했습니다. 행잉 화분은 바닥과 떨어져 공기 순환이 원활하고 배수가 빨라, 습기에 취약한 딸기 뿌리를 건강하게 관리하는 데 매우 효과적입니다.

이후 새로운 딸기 품종인 '흰 꽃 엘란'과 '사계 딸기 하얀 꽃' 모종을 다시 구매해 정식했습니다.

성장기 관리

물 주기

딸기는 과습할 경우 잎이 위로 꼿꼿하게 서 있지 못하고 아래로 힘없이 처지는 증상이 나타납니다. 이는 초보 식집사들이 식물이 마른 것으로 오해해 물을 더 주게 되는 가장 흔한 실수 중 하나입니다. 딸기는 물을 좋아하는 작물이지만, 반드시 겉흙이 충분히 마른 것을 확인한 후 물을 주어야 합니다. 만약 잎이 처져 있다면 즉시 물 주기를 멈추고, 통풍이 잘되는 곳에서 잎의 탄력이 회복될 때까지 기다리는 인내가 필요합니다.

흙과 화분

딸기는 꽃을 피우고 열매를 맺는 과정을 반복하며 에너지를 소모하는 식물이기 때문에 많은 양의 영양분이 필요합니다. 따라서 정식을 할 때 배양토에 지렁이 분변토를 넉넉히 섞어주어, 초기 성장을 돕고 지속적인 영양 공급의 기반을 마련해 주는 것이 좋습니다.

영양

딸기는 영양상태가 불량하면 새잎의 생성이 현저히 줄어들고 결실이 원활하지 않게 됩니다. 이를 방지하기 위해 한 달에 한 번 정도 웃거름을 흙 위에 올려주는 것이 좋습니다. 또한, 평소 물을 줄 때 1주일에 2회 이상 액체 비료를 희석하여 공급하고, 특히 꽃이 피기 시작하면 딸기 전용 비료를 추가해 부족한 양분을 보충해 주어야 합니다.

솎아주기

잎이 너무 크고 무성해지면 잎을 적당히 솎아내어, 새잎과 꽃대가 나오는 크라운 부위의 통풍과 채광을 확보해 주어야 합니다.

병해충 관리

병해충 관리를 위해 제충국 추출물 1%, 고삼 추출물 0.8%, 목초액 0.3%가 함유된 '대유 충사탄 직접 살포액'을 한 달에 한 번씩 뿌려주었습니다. 특히 장마철 통풍이 제대로 되지 않거나, 습하게 되면 응애나 곰팡이에 공격받기 쉽습니다. 하지만 딸기 재배의 진정한 복병은 바로 붉게 익은 열매 자체였습니다. 딸기가 익으며 달콤한 향기를 풍기기 시작하면 베란다 방충망의 미세한 틈을 뚫고 초파리와 같은 날벌레들이 모여듭니다. 이를 방지하기 위해서는 창틀 하단의 배수 구멍(물 구멍)을 미세 방충망 스티커 등으로 꼼꼼히 막아주어야 해충의 침입과 열매 피해를 줄일 수 있습니다.

지주 세우기

딸기잎은 줄기가 길고 잎이 크고 무거워 화분의 흙에 닿기 쉽습니다. 특히 열매가 흙에 직접 닿게 되면 수분으로 인해 쉽게 무르거나 곰팡이병에 노출될 위험이 큽니다. 이를 방지하기 위해 딸기의 생장점인 크라운 중심으로 원반 모양의 지주 받침대를 설치해 주는 것이 좋습니다. 받침대를 사용하면 흙과의 접촉을 차단해 공기 순환을 원활하게 하고, 열매가 깨끗하고 건강하게 익도록 도와줍니다.

딸기 줄기와 열매가 흙에 닿지 않게 하기 위한 받침대

딸기 모종을 정식할 때 중앙이 아닌 한쪽 방향으로 살짝 치우치게 심고 행잉 화분을 활용하면, 별도의 열매 받침대를 설치하지 않고도 딸기를 건강하게 키울 수 있습니다. 이렇게 하면 열매가 화분 밖으로 자연스럽게 늘어져 흙에 닿지 않으므로, 열매가 무르거나 병에 걸리는 것을 방지하며 깨끗하게 수확할 수 있는 일석이조의 효과를 누릴 수 있습니다.

딸기 줄기와 열매가 흙에 닿지 않게 하기 위한 행잉 화분

인공수분 & 열매 관리

베란다에는 수정해 줄 벌이 없으니, 식집사가 직접 붓을 들어야 합니다. 부드러운 납작붓을 이용해 꽃가루를 열매가 될 부위(암술) 구석구석 빈틈없이 묻혀주어야 비로소 완벽한 모양을 갖춘 열매로 자라납니다.

딸기 표면의 깨알 같은 씨앗(수과)이 골고루 수분되어야 식물 호르몬인 '옥신(Auxin)'이 생성됩니다. 이 옥신이 중앙의 볼록한 꽃턱으로 이동하여 조직을 비대하게 발달시키는데, 이것이 우리가 먹는 달콤한 과육이 되는 원리입니다. 붓질이 닿지 않아 수정되지 않은 부분은 과육이 차오르지 않아 울퉁불퉁한 기형 딸기가 됩니다.

또한 한 줄기에 너무 많이 달리면 영양분이 분산되어 크기가 작아지는 경향이 있습니다. 따라서 수분이 제대로 되지 않았거나 상태가 좋지 않은 열매는 과감히 제거해 주는 '적과' 작업이 필요합니다. 선택받은 한두 개의 열매에 영양을 집중시켜 주면, 훨씬 크고 실한 딸기를 수확할 수 있습니다.

열매의 끝부분이 수정이 잘못된 딸기

옆부분이 수정이 잘못되어 평평하지 못한 딸기 모양

수정이 잘된 딸기 모양

수확

딸기를 수확하기 전 물 주기의 양을 평소보다 다소 줄이면 당도를 높이는 데 큰 도움이 될 수 있습니다. 토양의 수분 공급이 제한되면 열매 속 수분 함량이 줄어지면서 상대적으로 높은 당분 농도가 응축되는 효과가 나타나기 때문입니다. 단, 지나치게 물을 굶기면 열매의 크기가 눈에 띠게 작아질 수 있으므로 성장과 당도 사이의 적절한 균형을 맞추는 것이 핵심입니다.

딸기가 전체적으로 빨갛게 익으면 꼭지 부분을 포함해 수확하면 되는데, 이때 손으로 잡아당기기보다 가위를 사용해 줄기를 깔끔하게 자르는 것이 식물의 손상을 방지하는 가장 안전한 방법입니다. 잘 익은 딸기는 수확해 주는 것이 해충의 피해도 적어지고 커가는 딸기의 생육에도 좋습니다.

손으로 수확 시 옆 열매에
상처 위험

베란다 딸기 릴스

꽈리고추

꽈리고추는 고기를 먹을 때 곁들이면 특유의 식감과 풍미로 요리의 완성도를 높여주는 채소입니다. 가열 조리 시 비타민 C는 열에 의해 일부 감소할 수 있지만, 꽈리고추 특유의 쫄깃한 조직감과 캡사이시노이드 성분이 내는 풍미는 그대로 유지되어 활용도가 높습니다.

'한림 꽈리 풋고추' 씨앗 봉투에 '초세가 강하며 숙기가 빠른 담록계의 꽈리 풋고추입니다. 육묘 시 지나친 저온은 석과 발생의 원인이 되며 생육이 낮아질 수 있으므로 온도 관리에 주의해야 합니다'라는 문구의 정확한 해석을 위해 농촌진흥촌 용어사전에서 찾아봤습니다.

풀어보면 '꽈리고추는 빠르게 성장해 다른 품종에 비해 수확 시기가 빨리 찾아오는 연초록빛 꽈리 풋고추입니다. 어린 꽈리고추 모종을 키울 때 온도가 너무 낮으면 열매가 정상적으로 자라지 못하고 씨가 딱딱하게 굳는 석과(기형과) 현상이 나타날 수 있으므로 온도 관리를 잘해야 합니다'라는 문장입니다.

씨앗 심기(파종)

모종 포트 파종

모종 틀에 파종한 지 10일 만에 떡잎이 올라왔습니다. 함께 심은 오이의 떡잎은 4일 만에 올라와 자라는데, 오이에 비교하면 꽈리고추의 발아 속도가 느린 편입니다. 파종 13일 차까지도 총 4개 포트 중 단 하나에서만 싹이 보였고, 29일 차에 접어들자 비로소 3개의 꽈리고추 모종이 나왔습니다. 흥미로운 점은 한날한시에 파종했지만, 싹의 발아 시점과 성장 속도 및 크기가 저마다 제각각이라는 사실입니다.

화분 정식

한날한시에 파종한 꽈리고추들의 성장을 지켜보고 있으면, 식물이나 사람이나 참 비슷하다는 생각이 듭니다. 사람이 저마다 자신만의 인생 시계를 가지고 있듯, 같은 봉투에서 나온 씨앗이라도 태어나고 자라는 시간은 모두 다릅니다.

같은 날 파종해 가장 먼저 발아하여 파종 23일 차에 정식을 마친 모종은 어느덧 40일 차가 되자 꽃대를 올리며 성장했습니다. 반면, 늦게 발아된 씨앗은 겨우 정식을 할 수 있는 어린 모종 수준에 머물러 있습니다. 어떤 모종이 훗날 더 건강하고 많은 열매를 생산할지 궁금해지는 순간이었습니다.

분갈이

가장 늦게 발아되어 파종 43일 차에야 비로소 정식을 마쳤던 꽈리고추 한 주가 드디어 기다리던 꽃대를 올렸습니다. 큰 화분으로 밑거름도 더 넣어주어 115일 차에 분갈이하고 잎도 정리해 줍니다. 느린 발아였지만 단단하게 자랍니다.

파종 108일 차 꽈리고추(늦게 발아)

파종 115일 차 꽈리고추 분갈이

성장기 관리

물 주기

어린 모종은 2~3일에 한 번씩 흙이 마르면 물을 줍니다. 꽃대가 생기고 잎의 면적이 커지기 시작하면 증산 작용이 활발해져 봄·가을처럼 건조한 시기에는 하루에 한 번 물 주기가 필요합니다. 만약 물이 부족하면 잎이 밑으로 축 처지게 됩니다.

흙과 화분

지속적으로 성장하는 꽈리고추는 어른 키만큼 자라기도 하므로 2~3회 정도 분갈이가 필요합니다.

영양(비료, 거름)

열매를 많이 생산하고 재배 기간도 긴 작물이어서 양분 관리가 중요합니다. 정식이나 분갈이 시에는 밑거름을 넣어주고, 매달 한 번씩 웃거름을 줍니다. 물푸레를 희석한 물을 주고, 꽃이 피기 시작하면 주 1회 칼슘과 붕소 액체 비료를 희석해 분무기로 옆면시비를 해주면 무름병을 방지하고 튼튼한 열매를 수확할 수 있습니다.

솎아주기

꽈리고추는 꽃대가 달리고 열매를 맺기 시작하면서부터 성장이 빨라지고 잎의 생성도 빨라집니다. 잎과 줄기를 2~3주에 한 번씩 솎아주고 정리를 해주어야 영양분이 열매로 가고 통풍이 잘되어 열매가 건강하게 자랍니다. 순자르기를 하거나 정리한 가지는 일주일 정도 물꽂이를 해두면 줄기에서 뿌리가 나오는데, 이를 흙에 정식하면 새로운 한 주의 꽈리고추가 됩니다.

지주 세우기

고추는 지주대를 세워 줄기를 지탱시켜 줘야 하는 작물입니다. 게으름을 피워 지주대 세우기를 제때 못 하면 열매가 달리면서 무게를 이기지 못해 옆으로 기울어집니다. 중앙의 고춧대 옆에 하나, 양쪽 가지 옆으로 하나씩 지주대를 화분에 꽂아주고 줄로 묶어 고정합니다.

지주 설치 전 휘어진 고춧대

지주 설치 후 고추

지주대에 묶은 고추 달린 가지

수확

겨울을 나고 햇수로 2년 차 된 꽈리고추는 어른 키의 허리춤까지 자라, 서서 편안하게 수확할 수 있습니다. 소독된 가위로 꽈리고추의 꼭지에 달린 가지 부분을 잘라주면 안전하고 간편하게 수확할 수 있습니다.

10cm가 된 2년 차 꽈리고추

수확 중인 꽈리고추

수확 전 꽈리고추 열매

K-푸드 레시피

꽈리고추찜

[재료] 꽈리고추 40개, 찹쌀가루 8g(1큰술)

[양념] 고춧가루 4g(1/2큰술), 다진 마늘 7g(1/2큰술), 간장 30㎖(2큰술), 다진 대파 1/2 큰술, 설탕 5g(1/2큰술), 참기름 13g(1큰술), 통깨 4g(1/2큰술)

[만드는 방법]

1. 꽈리고추는 꼭지를 떼고 흐르는 물에 씻어 줍니다.

2. 꽈리고추를 포크로 위아래 두 번씩 찍어서 구멍을 내줍니다.

3. 물기를 다 제거하지 않은 꽈리고추에 찹쌀가루를 넣고 골고루 묻혀줍니다(그릇에서 묻히면 설거지가 힘들어지니 비닐봉지에 넣고 흔들어 묻히면 편합니다).

4. 냄비에 찜기를 올리고 물을 끓인 뒤 찹쌀가루가 묻은 꽈리고추를 올리고 뚜껑을 덮어 3분간 쪄낸 후 식혀줍니다.

5. 꽈리고추가 식는 동안 믹싱볼에 고춧가루, 다진 마늘, 간장, 다진 대파, 설탕을 넣고 모두 섞어줍니다.

6. 식은 꽈리고추를 믹싱볼에 있는 양념에 넣고 살살 버무린 후 참기름과 통깨를 넣고 한 번 더 섞으면 완성입니다.(완성된 꽈리고추찜은 갓 지은 흰쌀밥에 올려 먹어도 맛있고, 고기를 쌈 싸 먹을 때 양념장 대신 곁들여도 좋습니다).

찹쌀가루를 뿌린 꽈리고추

찜기에 찌기 전 꽈리고추

찜기에 쪄낸 꽈리고추

꽈리고추찜 양념

완성된 꽈리고추찜

쌈 위에 쌈장 대신 올린 꽈리고추찜

물기 없는 꽈리고추 오징어볶음

[재료] 생물 총알 오징어 6마리(일반 생물 오징어 2~3마리), 꽈리고추 20개

[양념] 고춧가루 16g(2큰술), 다진 마늘 7g(1/2큰술), 간장 30㎖(2큰술), 대파 1줄기,
설탕 10g(1큰술), 고추장 10g(1/2큰술), 미림 30㎖(2큰술), 통깨 4g(1/2큰술)

[만드는 방법]

1. 꽈리고추는 꼭지를 떼고 흐르는 물에 씻어 물기를 제거합니다.

2. 생물 총알 오징어는 끓는 물에 살짝 데친 후 물기를 제거하고, 몸통은 1cm 두께로
고리 모양으로 썰어줍니다. 다리는 4등분 합니다(총알 오징어는 매우 작아 일반 생
물 오징어의 1/2~1/3 정도 크기입니다).

3. 대파 1줄기는 어슷하게 썹니다(양파는 물이 생기므로 넣지 않았습니다).

4. 프라이팬에 썰어 놓은 오징어와 꽈리고추를 넣고 고춧가루, 다진 마늘, 간장, 대파,
설탕, 고추장, 맛술(미림)을 넣어 잘 섞으며 5분 간 볶아줍니다.

5. 그릇에 담은 후 통깨를 뿌리면 완성입니다.

그릇에 담은 꽈리고추 오징어볶음

양념을 올린 후 볶기 직전의 오징어

꽈리고추 메추리알 곤약 조림

[재료] 꽈리고추 40개, 까놓은 메추리알 500g, 곤약 300g

[양념] 물 500㎖, 간장 100㎖, 미림 2큰술

[만드는 방법]

1. 꽈리고추와 메추리알은 흐르는 물에 씻어 물기를 제거합니다.

2. 곤약은 메추리알과 비슷한 크기로 깍둑썰기를 합니다.

3. 냄비에 물 500㎖와 간장, 맛술(미림)을 넣고 곤약을 넣은 뒤 끓입니다. 끓어오르면 꽈리고추를 넣고 2분 간 더 끓여줍니다.

4. 불을 끄고 메추리알을 넣고 섞어 완성합니다.

Tip 삶아 놓은 메추리알을 계속해서 가열할 필요가 없어, 불을 끈 후 넣었습니다. 간은 최대한 짜지 않게 밥 없이 먹어도 될 정도로 맞췄습니다. 기호에 맞춰 간장의 양을 조절하면 됩니다.

조려지는 곤약과 꽈리고추

메추리알을 넣은 꽈리고추 조림

불을 끈 후 메추리알 섞기

Tip 꽈리고추는 풋고추와는 다르게 구워 먹을 때 풍미가 더 좋습니다. 특히 고기를 구울 때 함께 소금과 후추를 뿌려 곁들이면 고기의 느끼함도 잡아주고 씹는 맛도 더해줍니다. 더불어 고기만 먹을 때 부족했던 비타민 C와 섬유질을 꽈리고추가 보충해 주고 꽈리고추에 부족한 단백질은 육류에서 보충할 수 있습니다.

리얼 홈가드닝을 위한
생생 Q&A

 여름 휴가, 장기 휴가 때는 어떻게 관리해요?

식집사들에게 여름 휴가나 장기 휴가를 앞두고 가장 고민되는 것은 '집 안 식물들의 물 관리'입니다. 일주일에 한두 번 물주기를 대신 챙겨줄 누군가가 없다면 걱정만 가득하고 발걸음이 잘 떨어지지 않습니다. 이럴 때 가장 현실적인 방법이 자체 '저면관수'입니다.

저면관수란 물을 위에서 흘려주는 일반적인 물주기(상부관수) 방식과 다르게, 식물이 스스로 아래쪽에서 물을 끌어 올리는 원리를 이용하는 방법입니다. 모세관 현상으로 뿌리 아래쪽부터 수분을 흡수하기 때문에 흙이 천천히 깊게 젖을 수 있어 장기 물주기에 효과적입니다.

보통 가정에서는 큰 물통이나 대야에 물을 채우고, 화분을 통째로 넣어 바닥에서부터 흙의 상부까지 물이 스며든 뒤 화분을 꺼내는 방식이 가장 잘 알려져 있습니다.

하지만 베란다 텃밭의 화분은 수십 개인데, 물통이나 대야를 화분 수만큼 준비하는 것은 현실적으로 어렵습니다. 시중에 판매되는 저면관수용 화분은 배수구에 흡수력이 좋은 심지를 연결하여, 흙을 화분에 담고 식물을 심은 후 물을 담을 수 있는 공간이 있는 물 받침대에 심지를 담가 두어 식물이 물을 조금씩 끌어올리도록 만드는 원리입니다. 효과를 본 방법은 '모종 트레이 받침대'를 활용한 자체 저면관수법입니다.

휴가에서 돌아오는 날까지 물이 부족해서 마르지 않기를 바라는 마음으로 자체 저면관수 만드는 구체적 방법을 소개합니다.

♯ 장기 휴가 전 자체 저면관수 만드는 방법

1. 화분 선반별로 모종 트레이 받침대를 배치합니다.
2. 모종 트레이 받침대 안에 화분을 넣어줍니다.
3. 휴가 전 마지막 물주기를 할 때, 화분 위에서 충분히 물주기해 트레이 바닥에 물이 흘러나오게 합니다.
4. 모종 트레이 받침대 안의 수위는 트레이 높이의 약 2/3 정도가 되도록 물을 채워줍니다.
5. 일주일 이상 부재 시 물 고임으로 생길 수 있는 곰팡이나 세균 문제를 예방하기 위해 받침대 물에 '과산화수소'를 용기 뚜껑 기준으로 두 번씩 섞어줍니다.

자체 저면관수 시스템은 부재중에도 식물이 필요한 만큼의 수분을 스스로 흡수할 수 있게 돕는 매우 유용한 방법입니다. 더불어 햇빛을 좋아하는 식물들이라도 여름 휴가 전에는 베란다의 직사광선을 피해 반그늘로 옮겨주는 것이 수분 증산을 억제하는 데 큰 도움이 됩니다. 휴가를 떠나기 전 식물의 잎이나 줄기를 가볍게 가지치기해 주는 것도 수분 증발량을 줄이는 효과적인 방법입니다.

모종 트레이 받침대 모양

모종 트레이 받침대에 들어간 상추 화분

모종 트레이 받침대에 들어간 토마토, 배추, 고추 화분

휴가 전날 저면관수법으로 정리된 베란다 텃밭

Q 죽은 식물도 살리는 금손이 있을까?

저의 홈가드닝은 '몬스테라 살리기'에서 시작되었습니다. 인테리어 공사를 마친 뒤 집 안에 자재 냄새가 심하게 남아 있어, 공기 정화 식물 6종 세트를 구매했었습니다.

2023년 1월은 이상 고온과 한파가 번갈아 찾아오며 평균 최고 기온과 최저 기온 차이가 19.8도로, 역대급 기록을 남긴 해였습니다. 1월 14일 강원도의 폭설을 시작으로 20일경에는 전국 대부분 지역에 한파주의보가 발령되었고 이어지는 폭설과 함께 1월 25일 서울의 아침 최저 기온은 영하 17.3도까지 떨어지기도 했습니다. 강한 바람 탓에 체감 온도는 무려 영하 33도에 달했습니다.

이 혹한의 시기에 배송된 '공기 정화 식물 세트'는 배송 박스 안에서 이미 잎과 줄기가 꽁꽁 얼어 축 늘어진 상태였습니다. 판매 농장에 사진까지 보내 문의했지만 '배송 도중에 동해(凍害)를 입어 도착한 식물은 회복이 어렵다'라는 답변이었습니다. 달리 방법이 없어 집안에서 가장 따뜻한 보일러실 앞, 온수 배관이 지나는 곳에 가져다 놓았습니다. 시간이 갈수록 얼었던 몬스테라 줄기와 잎은 삶아 놓은 채소처럼 변해갔고 결국 모든 잎이 떨어졌습니다. 화분을 버릴까 고민하던 순간, '뿌리가 살아있을지도 모른다'라는 생각에 흙이 마르지 않을 정도로만 물을 조금씩 주며 겨울을 견뎌냈습니다.

몬스테라 릴스

겨우내 따뜻한 곳에 놓아두었던 몬스테라는 봄이 되자 가느다란 줄기 하나를 밀어 올렸습니다. 그 줄기를 햇볕이 잘 드는 베란다 창가 앞으로 자리를 옮겨주었고, 5개월 차가 되자 처음 배송해 왔을 때보다는 훨씬 작지만 앙증맞은 잎이 두 장 돋았습니다. 곧이어 새잎이 한 장 더 자랍니다. 영광의 상처처럼, 얼어 죽었던 잎과 줄기가 있던 자리에는 잘려 나간 나무 밑동과 같은 흔적이 남았습니다. 반년이 지나도록 배송 당시의 모종 포트 안에서 버텨온 몬스테라는, 죽을 걱정은 없을 만큼 건강해진 모습으로 살 수 있겠다는 확신을 주었고, 큰 화분으로 분갈이를 해주었습니다.

배송 박스에서 꺼낸 몬스테라 상태

얇게 한 개의 줄기가 나온 배송 4개월 차 몬스테라 모습

7개월 지나 첫 번째 분갈이한 모습

9개월 차에는 다섯 번째 잎이 나오며 몸집이 커졌습니다. 다시 한번 더 큰 화분으로 분갈이해 주었습니다. 11개월 차, 여섯 번째 잎이 나왔고, 줄기가 길어지면서 계속 옆으로 퍼져 자라 지지대를 설치하여 수형(나무 전체의 모양)을 잡아주었습니다. 새로 나온 잎은 얇고 옅은 연둣빛으로 반짝이며, 성숙한 몬스테라의 상징인 '찢잎(찢어진 잎)'을 보여주었습니다.

9개월 차 다섯 번째 잎이 나오는 몬스테라

11개월 차에 지지대를 설치한 몬스테라 화분

해를 넘겨 배송된 지 20개월을 넘긴 몬스테라는, 다섯 장의 찢잎과 공중 뿌리가 나와 풍성하고 화려한 자태를 뽐냈습니다. 죽을 줄만 알았던 몬스테라가 이렇게 자란 모습을 보면 대견하고 뿌듯하다는 마음뿐이었습니다.

몬스테라가 만 6개월을 넘기면서 생명을 되찾아가는 모습을 지켜본 경험은 제게 '베란다 농부'를 시작해 볼 용기를 주었습니다. 버려질 뻔한 화분에 혹시나 하는 마음으로 관심을 기울였더니, 주먹만 한 모종 포트에서 여린 잎이 돋고 줄기가 뻗어 나가는 것을 보게 되었고 베란다라는 공간을 가꾸고 싶다는 열망을 갖게 되었습니다.

찢어진 잎과 공중 뿌리가 나온 20개월 차 몬스테라

죽어가던 작은 식물이 아주 약간의 관심만으로 다시 살아나, '식물 킬러'라 불리던 똥손을 금손으로 바꾸어 놓았습니다. 그리고 저에게 흐뭇함과 성취감이라는 선물까지 돌려주었습니다. 이것이 식물들과 함께하는 시간이 주는 기쁨이자 가치이며, 제가 홈가드닝을 본격적으로 시작하게 된 이유입니다.

 ## 물 파종도 똥손이 될 수 있다?

미니 쿠마토에서 씨를 채종해 젖은 키친타올 위에서 물 파종으로 발아시켰습니다. 떡잎까지 나와 화분에 정식해야 하는 시점에 '똥손 악마의 속삭임'이 시작되었습니다.

'조금만 더 있다가 옮겨도 되겠지!', '내일 해도 괜찮아! 내일 하자!'

귀찮음과 게으름이 찾아와, 떡잎이 달린 새싹들을 물 받침대 위에 올려두고 물만 조금 채워주었습니다. 하지만 가을철 창문을 열어둔 건조한 베란다 환경은 잔혹했습니다. '하루 정도는 괜찮겠지' 하고 물만 보충해 준 지 삼 일째 되던날, 급격히 건조해진 날씨 탓에 불과 반나절 만에 물이 바짝 말라버렸습니다.

'혹시 살아날까?'하는 미련에 물을 주며 일주일을 기다렸지만, 8개의 새싹 중 단 2개만 살아났습니다. 그제야 살아난 두 개의 새싹을 급히 화분에 정식해 주었고, 지켜주지 못한 나머지 여섯 싹에 대한 미안한 마음은 가시질 않았습니다.

물 파종 후 게으름은 식집사를 한순간에 금손에서 똥손으로 전락시킵니다. '시간은 사람을 기다려 주지 않는다'라는 말처럼 새싹 또한 우리를 기다려 주지 않았습니다. 작은 생명을 돌본다는 것은 '작은 성실함'에서 시작된다는 것을 다시 한번 배운 순간이었습니다.

쿠마토(Kumato®)는 스페인에서 개발된 토마토 품종의 상표명으로, 정식 품종명은 올메카(Olmeca, 실험 번호: SX387)입니다. 현재 특허권은 스위스 농업기업 신젠타(Syngenta)가 보유하고 있습니다. 쿠마토는 일반 토마토보다 당도가 높고, 갈색에서 녹색 빛을 띠는 껍질과 특유의 풍미가 있습니다. 미니 쿠마토는 이 품종을 작게 개량한 체리 토마토형 변종입니다.

특히 쿠마토는 상업용 클럽 품종(Club variety)으로 라이선스 허가받은 경우에만 상업적 재배가 가능합니다. 클럽 품종은 일반적인 F1 개량 종자와 비슷해 보이지만, 보다 엄격한 종자 관리가 이루어집니다. 일반적인 종자 저장(Seed-saving) 방식이 아니라, 회사(육종사)가 품종 보호와 유통 관리를 철저히 통제하는 방식입니다.

클럽 품종의 라이선스를 받은 재배자(농장)는 지정된 농법(Production protocol)에 따라야 하며, 생산량에 따른 로열티를 회사(육종사)에 지급해야 합니다. 따라서 위 사례처럼 개인이 씨앗을 받아 재배할 경우, 사용 제품과 동일한 맛과 색이 보장되기 어렵습니다. 부모 품종의 유전적 조합과 생육 환경이 엄격히 통제된 상태에서만 '정품 쿠마토'가 생산되도록 설계되었기 때문입니다.

지퍼백에서 떡잎이 나온 미니쿠마토

미니쿠마토

화분 받침대에 물을 넣고 햇빛보게 한 미니쿠마토 싹, 1일 차

화분 받침에서 바싹 말라버려 다시 물을 흠뻑 준 미니쿠마토 싹, 화분 받침 4일 차

화분 받침 8일 차 미니쿠마토 싹

화분에 정식해 준 미니쿠마토 싹

유일하게 살아남은 미니 쿠마토(파종 155일 차)

Q 빛 부족은 똥손을 만든다?

과일무는 온라인 쇼핑몰에 올라온 종자 봉투의 사진만으로도 식집사의 열망을 불러일으키기 충분했습니다. 겉은 흰색에 모양은 작고 동글동글하며, 속은 수박처럼 붉은색이라 '수박무'라고 불립니다. 일반 무를 재료로 하는 모든 음식에 대체 사용이 가능하고, 아삭하고 달콤해 과일처럼 생으로 먹거나 샐러드로도 즐길 수 있다는 설명은 저의 발아 욕구에 불을 지폈습니다.

노지에서는 8월 중순에 파종해 10월 중순이면 수확할 수 있다기에, 두 달 뒤면 예쁜 과일무를 만나볼 수 있다는 기대를 품고 화분에 흙 파종을 마쳤습니다.

파종 3일 차까지 아무런 변화가 없어 '발아가 늦는가 보다. 기다려보자' 하며 마음을 다독였습니다. 그런데 이틀 뒤(파종 5일 차), 콩나물보다 더 길게 웃자란 과일무 싹이 모습을 드러냈습니다. 이렇게까지 갑자기 웃자람을 보이는 종자는 처음이었습니다. 같은 날, 같은 공간에서 함께 파종한 배추와 비트는 보통의 씨앗들과 비슷한 속도로 자라는데, 유독 과일무는 폭발적으로 웃자랐습니다.

'이 상황을 어찌해야 하나. 저 정도 웃자람이면 아주 깊은 화분을 준비해야 할 텐데'하며 고민하는 사이, 이틀이 더 흘렀습니다. 파종 8일 차, 과일무의 싹은 15cm 이상으로 길게 자라 화분 옆으로 흐르듯 쓰러졌고, 결국 회복할 수 없는 상태가 되었습니다. 싹을 떡잎 아래까지 깊게 심어준다 해도, 뿌리가 성장해야 하는 뿌리 채소의 특성상 정상적인 생육은 기대하기는 어려웠습니다. 결국 급격히 웃자란 싹들은 초록별로 떠나야 했습니다. 과일무는 8월 노지에서 많은 햇빛을 보며 자라는 식물로 빛의 부족함은 새싹에게는 기다림의 대상이 아니었고, 며칠간의 방심은 식집사를 다시 한번 '똥손'으로 만들어버렸습니다.

과일무 씨앗 봉투 전면

봉투에 적힌대로 월 중순에 홈 파종 3일 차

이틀 사이 웃자람이 심하게 싹이 튼 과일무

파종 8일 차 소생 불가능한 과일무 싹

과일무 씨앗의 발아 적정 온도는 15~34℃이며, 본격적으로 뿌리가 굵어지는 비대기에는 17~23℃를 유지해 주는 것이 좋습니다. 만약 12℃ 이하의 저온이 일주일 이상 지속되면 성장이 저하되고, 수확하기도 전에 꽃대가 올라올 수 있으니 주의해야 합니다.

과일무가 건강하게 자라고 뿌리가 잘 발달하려면 하루 6시간 이상의 강한 빛이 필수적입니다. 일조량이 부족하면 잎만 무성하게 자랄 뿐 뿌리의 비대는 억제됩니다. 또한 흙은 가볍고 물 빠짐이 좋아야 뿌리가 뒤틀리거나 기형으로 자라는 것을 방지할 수 있습니다. 그리고 뿌리가 깊고 넓게 뻗어야 모양이 예쁘게 잡히므로 화분은 깊이가 20cm 이상이고 배수가 원활한 것을 선택해야 합니다.

재배 기간에는 수분을 일정하게 유지해야 동그랗고 예쁜 모양의 과일무를 얻을 수 있습니다. 흙이 건조하면 뿌리가 제대로 자라지 못하며, 수분 공급이 불균형할 경우 뿌리가 갈라지거나 섬유질이 생겨 맛이 써질 수 있습니다. 새싹이 갓 돋았을 때와 뿌리 비대가 시작되는 시기에는 더욱 세심한 수분 관리가 필요하지만, 과습할 경우 뿌리 썩음이나 무름병이 발생할 위험이 커지므로 주의가 필요합니다.

파종 시 씨앗을 너무 빽빽하게 심으면 식물끼리 양분과 공간을 경쟁하여 뿌리가 작아집니다. 따라서 모종 간의 간격은 최소 5cm 이상을 유지해야 하며, 자라는 과정에서 여러 번의 솎아내기가 필요합니다. 과일무는 기온 변화에 민감한 작물인 만큼, 극심한 추위가 있는 겨울이나 무더운 여름은 피해서 재배하는 것이 가장 바람직합니다.

 먹다 버린 씨앗을 나무로 키울 수 있을까?

레몬트리

호기심에 레몬과 망고 씨앗으로 직접 시도해 보았습니다. 결과는 성공이었습니다. 직접 시도해 볼 여러분을 위해 그 과정을 소개하겠습니다.

과육을 제거한 레몬 씨앗

과육 제거 후 겉껍질을 벗겨준 레몬 씨앗

발아해 유근이 나온 레몬 씨앗

얇은 속껍질을 벗기고 물 파종 3일 만에 레몬 씨앗에서는 유근이 나왔고, 7일 차에는 떡잎이 보여 '레몬 트리'가 될 예정인 씨앗이라 영양상태가 좋아야 할 것 같은 의무감에 펠릿에 이식했습니다. 펠릿에서 10일 동안 자란 레몬 싹은 떡잎 사이로 제법 새순을 올리고 본엽이 나올 준비를 합니다.

파종 7일 차 펠릿에 이식한 레몬 싹

펠릿에 이식한지 10일 차 레몬 싹

펠릿에서 16일 자란
레몬 발아 21일 차 레몬 싹

펠릿 이식 20일 차 식물등 사용 레몬 싹

　펠릿 이식 45일 차에는 본엽이 4장에 새순이 계속 자라고 있습니다. 한 그루씩 작은 플라스틱 컵에 펠릿을 담아 수분 관리를 겸해줍니다. 펠릿에서 자라고 있어 통풍이 중요할 것 같아 같은 날 베란다 창가 앞으로 장소를 이동시켰습니다. 바람이 좋았는지 창가로 옮겨준 지 6일 만에 본엽이 5장으로 늘었습니다.

　레몬은 하루 6시간 이상의 일조량이 필요하고 직사광선을 받는 것이 좋습니다. 레몬은 낮에는 24℃ 이상, 밤에는 18℃ 이상을 선호합니다. 영하로 떨어지면 손상을 입으므로 겨울철 실내에서 보호가 필요합니다.

　새로 나온 본엽은 연두색에 광택이 미미하고 힘이 없어 보여 다시 거실 창가에서 가장 볕이 잘 닿는 장소로 이동시켜 줬습니다. 일주일에 한 번씩 액비를 희석한 물로 펠릿을 흠뻑 적셔주었습니다.

레몬씨는 레몬 열매가 자란 나무가 유전적으로 동일한 열매를 생산할
수 있으나 결실까지는 10~15년이 걸릴 수도 있습니다.

파종 60일 차 본엽이 5장
재개된 레몬트리

파종 69일 차 본엽 6장
레몬트리

파종 105일 차의
정식 전 레몬트리

정식 전 105일 자란
레몬트리 뿌리

본엽이 9장이 된 정식 후
레몬트리

본엽이 15장이 된 파종 210일 차
레몬트리

망고

먹다 버린 '망고 갈비'에서도 싹이 났습니다. 노란 과육을 맛있게 잘라 먹고 남은 망고 씨는 말캉한 과육과 다르게 어찌나 크고 단단한지 버릴 때마다 고역입니다. 오죽하면 '망고 갈비'라는 별명이 붙었을까요?

이 단단한 외피(껍질)를 가위로 조심스럽게 벗겨내면 비로소 속 씨앗이 모습을 드러냅니다. 외피 제거 후 젖은 키친타월로 씨앗을 감싸 지퍼백에 밀봉한 뒤, 21~24℃ 정도의 따뜻한 곳에 두면 싹이 나옵니다. 가정에서 활용하기 좋은 꿀팁이 있다면, 유리 밀폐용기에 적신 키친타월과 씨앗을 넣고 온기가 남은 TV 셋톱박스 안이나 위에 올려두는 것입니다. 그러면 훨씬 빠르게 싹을 틔울 수 있습니다.

망고는 열대 과일인 만큼 온도가 영하로 내려가지 않는 곳에서 키워야 합니다. 하루에 6시간 이상의 일조량이 필요하며, 씨앗부터 키운 어린 망고 나무는 첫 3년 간 주 1회 정도 규칙적으로 물을 주어야 합니다. 씨앗에서 재배한 망고는 꽃이 피고 열매를 맺기까지 최소 6년 이상이 걸리고, 때로는 결실하지 못할 수도 있습니다. 하지만 거대한 씨앗에서 힘차게 싹이 돋아나 자라는 과정을 지켜보는 것만으로도, 저에게는 이미 충분한 기쁨이자 보람이었습니다.

＃ 망고 싹 틔우는 방법

1. 망고 과육을 제거 후 중앙의 딱딱한 외피를 벗겨 씨앗만 꺼냅니다.

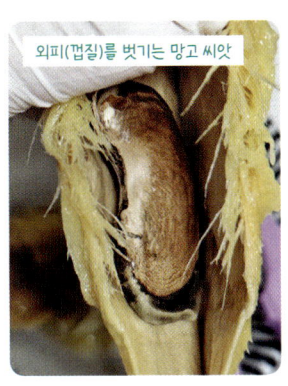
외피(껍질)를 벗기는 망고 씨앗

2. 외피를 제거한 후 망고 씨앗을 젖은 키친타월에 싸서 유리 밀폐용기나 지퍼백에 밀봉 후 따뜻한 장소에 보관합니다(가정 내에서는 셋톱박스 안 또는 위가 가장 따뜻합니다).

외피 제거 후 젖은 키친타월에 싸서 지퍼백에 밀봉한 망고싹

3. 이틀에 한 번 수분이 부족하지 않은지 체크 후 보충해 주고, 뿌리와 싹이 나올 때까지 기다립니다. 2~3일 차부터 뿌리가 자랍니다.

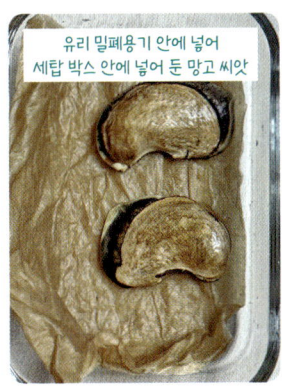
유리 밀폐용기 안에 넣어 세탑 박스 안에 넣어 둔 망고 씨앗

4. 10일 정도 경과하면 뿌리가 튼튼하게 자라고, 끝에 잎이 자라는 싹도 3cm 이상 자랍니다.

망고 싹 모습

5. 발아 후 20여 일이 지나면 화분에 정식합니다.

뿌리가 나와 화분에 정식한 망고 싹

6. 정식 시에는 망고씨가 수평을 이루고 뿌리는 흙 속에 묻히게 하고, 새싹 부분을 흙 위로 나오게 자리를 잡아 줍니다.

7. 일주일에 한 번씩 물을 주며 관리하면 싹이 자라며 잎이 나옵니다.

줄기 위로 잎이 나오는 망고 싹